深圳新家谱
Shenzhen New Genealogies

城中村

消失中的城市

Urban Villages
The Disappearing City

深圳市城市设计促进中心　主编

深圳报业集团出版社

出版人 / 总策划：胡洪侠

责任编辑：岳鸿雁

技术编辑：杨杰、林洁楠

书籍设计：亚洲铜设计顾问

图书在版编目（CIP）数据

城中村：消失中的城市 / 深圳市城市设计促进中心主编. — 深圳： 深圳报业集团出版社，

2020.8

ISBN 978-7-80709-930-7

Ⅰ.①城… Ⅱ.①深… Ⅲ.①居住区－旧城改造－深圳 Ⅳ.①TU984.265.3

中国版本图书馆CIP数据核字(2020)第124311号

本书由深圳报业集团出版社、深圳市城市设计促进中心（深圳市公共艺术中心）策划出版

本书为深圳市文化创意产业发展专项资金资助项目

城中村：消失中的城市

Chengzhongcun Xiaoshi zhong de Chengshi

深圳市城市设计促进中心　主编

深圳报业集团出版社出版发行（深圳市福田区商报路 2 号 518034）

雅昌文化（集团）有限公司印制

新华书店经销

开　　本：787mm×1092mm 1/16

字　　数：220 千字

版　　次：2020 年 8 月第 1 版　2020 年 8 月第 1 次印刷

印　　张：17.5

ISBN 978-7-80709-930-7

定　　价：78.00 元

主编：刘磊

副主编：袁伟钊

编辑：吴碧芳、黄泽碧

插画：谭轩

参与作者（按文章序）：

马立安（Mary Ann O'Donnell）、万妍、欧阳伶星、黄满满、连兴槟、穆木、

江小船、杨阡、邓世杰、Fish、余帅虎、碧荒、筑博设计

特别鸣谢：黄伟文

鸣谢机构：

野人杂志、深圳市土木再生城乡营造研究所、

中国城市规划设计研究院深圳分院

鸣谢个人（按首字笔画序）：

王大勇、王婳、不二、文靖、刘耀良、来福、余海波、沈丕基、

宋丽、张宇星、陈智鑫、金桔、段鹏、徐远、唐涯、曹方

深圳市在短短四十年中创造了人类历史上的城市发展奇迹。在光鲜的城市建设和经济增长背后，是每个鲜活个体的不懈奋斗和家族聚散的故事。这些来自不同阶层、背景、故乡的个体的城市轨迹和生活空间，构成了今日深圳的"社会"的丰富内涵："她"既拥有"本土"聚落的丰富历史，又在城市化过程中不断发生不同人群之间的博弈与合作，塑成新一代深圳人的共同的家谱。

《深圳新家谱》丛书一方面希望能够记录新城深圳背后多元而富有层次的社会含义，另一方面也在更长的时间和更丰富的空间层面细腻展现城市的历史切片。通过对传统"家谱"的当代诠释和扩展，从个体尺度视角逐步切入家庭、社会和城市空间，呈现理解深圳城市发展的文献和人文价值，增强这个"移民城市"的贡献者们对城市的归属感和自我认同感。

前言·一

刘磊（深圳市城市设计促进中心总监）

从词语的情感属性上说，"城中村"有时更像是一个贬义词，曾经被视为藏污纳垢、影响市容的"毒瘤"，遭主流媒体嫌弃。但在不同历史阶段和城市语境中，快速城市化所催生的"城中村"，却是千万人涌入城市的最初落脚点，其避风港的地位无法替代。就像简·雅各布斯（Jane Jacobs）曾说的，新事物产生在低租金的地方。正是因为提供了可负担的居所、商业和生活配套，城中村才持续不断地吸引着无数新移民参与到城市的社会生活中。

尽管如此，我们从来不知道总共有多少人曾经在城中村生活过，也从来没有人估算过它为城市贡献的价值。一直以来，"城中村"的身份是在"城"的中心视角和光辉映照下被零零星星揭示的，缺乏独立、自主的定位。它生存在现代都市的缝隙中，并与现代都市的时髦形成鲜明对照。

深圳素来被认为是座移民城市，没有太多历史和文化底蕴。然而，鲜活的城中村质疑了这种说法：它是很多人初到深圳时蜗居的地方，是人们会与小贩就廉价商品大声讨价还价的地方，是在深夜里喝啤酒、吃烧烤的地方，是能够找到修鞋补衣处的地方⋯⋯ 城中村仿佛是城市的万花筒，透过它，我们感受到了一个极其丰富又瞬息万变的社会景观。这也是我们把"城中村"纳入《深圳新家谱》丛书的原因：只有在城中村内，我们才可能最直接地感知家谱的存在，以及感知构筑城市的各组社会基因。

近年来，尽管关于城中村的研究引起学术界的关注，但关于城中村的写作却很少直面问题。我们在认识、评价城中村时不能仅仅依赖于一种怀旧或乡愁情感，或者走到另一个极端去漠视其存在转而大肆宣传城市更新的未来。基于此，本书希望带读者走进城中村，并一起思考其中的空间、社会、经济、历史、人文等系统性问题。

关于城中村问题的讨论肯定是尖锐的，不同的人对此有着不同的角度：经济学者认为村中的非正式经济是对城市主体经济的有效补充；社会学家关注低收入人群和他们的生存状况；民俗学者着迷于宗亲关系和村落文化的延续；城市和建筑设计师对城中村内部丰富多样的建筑风貌、公共空间和步行系统兴趣盎然；开发商则看到其中的价值洼地，以及可开发利用的土地空间；而生活在里面的普通人跟其他千千万万"村外人"不同，只是把它当作日常生活的一部分⋯⋯

在本书的策划过程中，每位作者都带着自己的问题，思考着自身进入到城中村的身份。不管是参与者还是旁观者，他们都在用文字来探究自己与城中村之间的互动关系，其中有描绘家乡记忆的本地人，有曾经在城中村生活过的学生，有在地策划和创作的艺术家，有讨论拆迁问题的知识分子，有常年观察城中村的摄影师等等。身份各异的作者提出了解读城中村的多元角度，让城中村的问题在本书聚焦的语境之下可以得到更立体、维度更为广泛的讨论。

书中作者之一杨阡写到，有些失去的东西是我们共同拥有的。在城中村不断消失的背景下，希望本书的讨论可以为我们共同拥有的城市聚落找到一些新的价值，也为之后的城市发展带来一些启示。

城中村，可否有另一种未来？

袁艾家

在公众的普遍认知里，深圳的历史叙事是从 1980 年建立特区开始的，很多人认为"特区"是深圳这座城市真正的生命特征。而自东晋到晚清一直管辖当下深港地区的"政治中心"南头古城，以及伴随着特区崛起的城中村，则在历史叙事中失语。仿佛深圳就是一个横空出世的伟大产物，城中村退而成为城市里的他者。有意思的是，作为深港之根的南头古城，在 2017 年时成为深港城市\建筑双城双年展的主场地，被当成一处外界十分好奇、亟需关注的隐秘之地来看待。这一幕的奇幻在于，高速城市化近四十年的现代深圳，忽然"回家"来到前深圳时代的另一个城市中心，再在这里发起城市共生的探讨。

当然我们也可以说，如果不是得益于现代深圳的城市化，这些村落最终只会像中国广袤土地上的其他同伴一样：耕地农民，瓦屋平房，宗社祠堂，世代如此。正是因为历史节点上某个偶然的选择，它们被卷进了一场宏伟的当代叙事，才会"被"成为城中村——城中村这个词语本来就带着含有某种独特经验的奇诡性，城中村与城市确实就如生物界中的共生关系，缺一则不能理解中国南方当代大都会的真实构成。

也是因为这样，城中村才有了被公众解读的诸多面相。在其中一个面相里，城中村原住民面对随着城市化浪潮而产生的对房屋旺盛的需求，成为城市化红利的得益者。然后又因为近二十年来中国房地产业的狂飙突进，城中村纷纷变成了开发商们的"座上宾客"。这一面，为当代中国提供了拆迁暴富一类的都市谈资，关于城中村的其他维度，都被隐匿在粗暴的财富神话背后。

但还有另一面不容忽略。在改革开放刚刚开始松动中国社会土壤之时，是当时的城中村农民，最早用疯狂生长的握手楼，接纳了从四面八方而来的"逃离者"。如果没有这些逃离，发生在深圳城中村的"三来一补"工业化阶段将无法起步；而改革开放四十年的市场化，最终也不会在南海旁的香港一侧，爆发成这样一座生活了超过两千万人口的现代超级都会。

也是这个面相，比起简单计算城中村的财富增长，更能细致铺开我们对中国当代城市化的曲折认知。深圳城中村的故事里曾经包裹着一座城市发展初期各类草莽式的生存主义，一个籍籍无名的香港商人到来，可能会就此扑动大芬村此后的命运之翼。

如果我们把一块块细碎的历史镜片黏结起来，我们还能发现更多的趣味：城中村为什么是深圳美食图谱上不可或缺的板块？藏于原"二线关"附近的甲岸村，与深大紧邻的桂庙村，还有作为"打工者共同记忆"的白石洲，各自以怎样的形态，承载过深圳人怎样的生活经验？没有这些或个人或公共的记录，就像在深圳地图上割走一片片纸张，这座城市也会因此"失忆"。

新新闻主义之父盖伊·特立斯（Gay Talese）曾经写过一本《被仰望与被遗忘的》，用极准确的口吻记录下纽约这座城市的无数个切面，更为后来人理解城市提供了一个迷人的角度。我们这本书，对待城中村的角度未必有多准确，更难以自诩迷人，但考虑到城中村之于深圳的意义似乎也正在被遗忘，我们也想站在某个历史的坡度上，做一些当下的保存、观察与思考。毕竟城中村之于深圳，抑或之于当代中国城市化，都有提供一种"理解角度"的重要意义——某种程度而言，我们愿意认为，身处深圳的写作者都负有这种提供理解的责任。

目录

壹

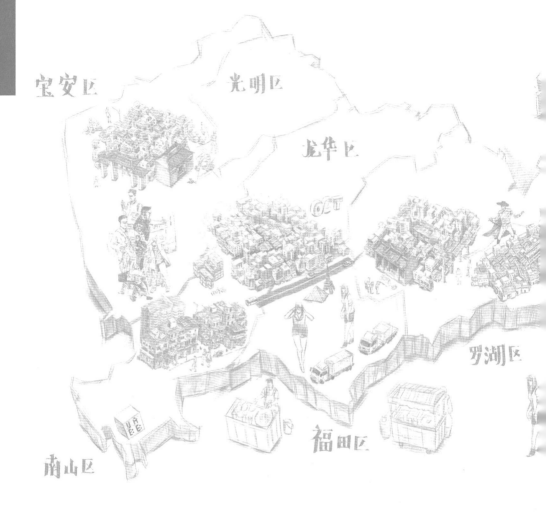

宝安区　光明区　龙华区　OCT　罗湖区　南山区　福田区

壹

城中村：消失中的城市

白石洲：发现后工业社会深圳

文—[美]马立安 ╱ 译—石林

2013 年，我和张凯琴、吴丹、刘赫、雷胜在深圳最典型的城中村白石洲里，租下一个 12.5 平方米的出租屋，成立了一个独立的艺术工作室——握手 302。这个小空间有时是展厅，有时是公寓，这取决于和我们合作的艺术家的需求。在过去五年里，我们创作和策划了一系列扎根于白石洲、回应此地的艺术作品。它们呈现了城市的正式和非正式、农村和城市、新生和消逝之间复杂的博弈，伴随着的还有对城市发展的焦虑。此前之所以决定在白石洲做一个艺术空间，正是因为深圳当时的城中村不断面临拆迁，居民不得不去找新的落脚地。在这篇文章里，我将介绍一些艺术作品，它们展现了白石洲的后工业社会人口结构特征，以及深圳是如何成为一个"创意"城市的。

洗脚上田

握手楼和交错逼仄的小路是深圳城中村的典型样貌——构成自发形成但并非杂乱无章的工薪阶层社区。尽管后来的深圳号称是"中国第一个没有农村的城市",但这些建于20世纪90年代的城中村,不断提醒着这座城市曾经的农村基因。这些野蛮生长的居民楼被称为"握手楼",因为楼与楼之间间隔很近,相邻两栋楼的同层住户,打开窗户便可以握手。人们一般都不会到巷子里去,除非想去巷子里密布的电线上晾衣服——这些数不清的纵横交缠的电线连接了白石洲2,340栋建筑和约35,000个出租单元。

运动鞋
_郑快 摄

官方数据显示，白石洲占地约 0.73 平方千米，北边、南边和东边毗邻 OCT 华侨城，西边是沙河高尔夫俱乐部。本土概念上的白石洲由六个部分组成，包括沙河工业区和五个村庄——白石洲、上白石、下白石、新塘和塘头。这六个部分与白石洲的社区历史息息相关，它们的行政整合是集体化的人为产物。1959 年，这些村子被指定改造成沙河农场。其中四个村子都坐落在深南大道北部，第五个，即现在的白石洲，坐落在深南大道南部，隐匿在世界之窗身后。

驻留握手 302 期间，深二代郑快拍摄了一双挂出晾晒的运动鞋。这双鞋悬挂在积聚的污垢和潮湿的排水沟上方，像梵高的《农鞋》（1886）一样，体现了当代劳动者的组织形式及其变化的光谱。1935 年海德格尔（Martin Heidegger）在《艺术作品的本源》中对《农鞋》进行了著名的阐释和解读。他认为器物一旦被艺术的框架框起来，就会显示出与平日普通用途不同的意味。郑快致敬海德格尔，透过他的目光重新打量这双运动鞋，我们仿佛能看到一个劳务工的辛劳之旅：他穿着 T 恤和蓝色牛仔裤、便宜的袜子和化纤鞋离开他的故乡，拿着中学文凭追求梦想，期盼过上更好的生活。我们可以想象，那双鞋从房子走到工厂的过程中，变得脏兮兮，沾满汗渍。他是自己洗鞋子还是哪个照料他的女人做了这件事？我们好奇这个问题，是因为清洁鞋子所做的努力体现了关心、柔软的自尊心和超越现状的雄心壮志，但也很有可能只是因为他工作的地方要求他保持清洁。

多年前深圳还是"世界工厂"时，数百万劳务工迁移到经济特区的现象被称为"洗脚上田"——指的是农民曾经在稻田赤脚劳作，上田进城就得先"洗脚"。这个表达显然针对南方和沿海地区。例如，深圳的牡蛎产业曾经是改革开放前的经济重心，后来村民们也用这个词表达自己不再从事牡蛎产业。事实上，深圳的农村城市化很容易被想象成脱离对泥土的依赖的过程：由农业向工业的转变。在工业制造的鼎盛时期，牡蛎田、稻田和荔枝果园逐步转变成由工业园区、商业中心和住宅区组成的密布网络。整个城市都成为施工现场，喷吐着浓厚的污泥。然而今天，清洁工时刻保持着人行道的干净整洁，男人们穿运动鞋和皮鞋，女人们则穿高跟鞋和闪亮的凉鞋——所有人都希望自己，并且希望别人保持双脚干净清爽。

一部国家成长小说

————————

举个例子，"白石洲超级英雄"是握手302首批装置艺术作品之一。在这个作品中，刘玮笔下充满想象力的卡通人物把"握手302"装点成一个魔法电话亭——燃气侠、护幼侠、炒粉侠、啤酒侠女、护村侠、狗狗侠，还有飞猫侠。当参观者走进这个空间，一个个超能相框就神奇地把人转变成这个超能英雄团的一员。当朋友们用相机记录下彼此的这个瞬间时，我们会发现：在照片中的自己摇身一变，成了任何深圳城中村里都很常见的劳动角色。乍看之下，这个装置艺术作品像是一个俗气幼稚的化装舞会。直到我们突然之间清晰地回想起，正是这些重要的角色——送快递的人、保姆、路边摊的小贩、啤酒女郎还有村里的消防队员们——构成了深圳的后制造业经济时代入门级别的服务体系。这些超级英雄为深圳的非正式居民提供了城市服务和社交网络，使他们在城市中能够像在家乡一样舒适地生存。

事实上，深圳的人口统计数据一直紧跟不断变迁的时代使命宣言发生着快速的变化。户口留下所需的移民，并排除了被认为是"临时"的人。例如，在20世纪80年代，只有从城市单位过来的人才能通过深圳户口获得永久性居住权利。正式登记的移民在建设城市的行政机构及基础设施单位工作，非正式的移民则在乡镇工业园区工作，有些从事准合法的商业活动，有些则加入施工队伍当中。大部分移民在 20 世纪 90 年代——这个城市的繁荣时期来到深圳，成为非正式经济的一员。专才移民以建筑师、设计师、会计师和律师的身份在深圳工作，通过国有企业获得深圳户口，其他大多数移民则在没有正式纳入市政机构的情况下工作劳动。从这个意义上讲，深圳一直都处在后工人时代，因为工人由始至终都被定义为城市的局外人。他们住在集体宿舍和城中村里，这种被界定为过渡性的临时居所。2005 年，深圳开始从制造业转

白石洲超级英雄
_马立安 提供

型到创意经济，这个城市开始吸引年轻的创意人才，此时工厂工人被迫离开城市或换工作，从事服务类型工作或做点小生意。

此时再回看这个装置艺术作品，会发现"白石洲超级英雄"的神秘魅力变得更加明显。深圳梦的根基在于移民为改善自身物质生活来到这个城市的事实。然而，在全球化的大环境中，人类自我改造的潜力受到当下商品化生活的限制。例如，普通老一辈的超级力量就是通过提供无偿的托儿服务（照顾孙辈）来创造价值，以便其子女可以没有负担地加入无性别化的劳动力队伍，比如说送餐员或女服务员。所有白石洲移民的超级力量，实际上就是在出售他们的劳动力，只要他们的身体撑得住。一种流行的说法是，劳务工这样的工作方式是在"出卖青春"。作为个体，他们实现自我和生活的转型程度是有限的。他们可以用全部精力和体力去劳动，但当一个送货人的腿脚不再蹬得动自行车，他们就会被下一代，更年轻、更有活力的移民们所替代。而这正是超能力最不可思议和诱人的地方：为了成为一个有户口、有工作、得体的深圳人，身体上极度的疲惫和感情极度疏离的每个城中村人，似乎都具有无限的潜力来忍受并且战胜无聊工作和日常生活压力带来的痛苦。毕竟，这些不愿离开白石洲，在故乡和深圳之间继续夹缝生存的人，面目与数量都尚未被裁定，对未来无限的希望还飘荡在空中。

后工业化重构之典范

———————————————

深圳作为创新城市的崛起，是国家级规划决策和省市级层面解读的结果。到 2000 年，距离改革开放仅二十二年的时间，政府开始意识到许多城市"过度分区"。尤其是在珠江三角洲，城市内部和城市之间的竞争意味着工业区不再是现代化的有效催化剂。深圳也是如此，低端生产诸如纺织品和鞋子，或人造圣诞树、塑料和肥皂，已经转移到邻近的东莞。新的国家战略要求城市将经济重心从装配制造业转向高附加市场，包括平面设计和高质量印刷，时装和交易会，技术、研究和设计，生物技术以及金融服务。今天，创意人员成为这座城市的新移民，生活在城中村，为他们的日常通勤节省了时间和金钱。

2014 年秋季，23 岁的符苤苤接受华侨城（OCT）中一家公司的平面设计工作时，她还不知道白石洲的存在。大学文凭使得符苤苤能够将她的农村户口迁移到一个省级城市，她的新工作是获得深圳户口的第一步，这将让她的孩子有机会进入城市的公立学校和医疗系统。在开始工作之前，符苤苤了解到，公司没有提供住房，而她的工资租不起华侨城的房子。符苤苤没有选择与五位室友合租，或是租下离工作地点一小时通勤时间的精装修公寓，而是决定在邻近的白石洲租一个大单间。这样可以减少她上下班的时间，为商品房的首付省钱，省下的钱还可以给父母汇款。她有些害羞地笑着承认说，"我的目标生活很平淡。我想要一个家庭，然后在城市交通方便的地方有一个房子"。

白石洲与华侨城的关系展示着这座城市正在进行的转型。例如，2005 年年底，深圳在华侨城东部工业区举办深港城市＼建筑双城双年展（UABB，以下简称"深双"）。几年后，深双逐渐获得了国际认可，被公认为是深圳最重要的文化活动之一，预示着深圳从光荣的工业园区向创意城市迈进的野心。深圳成功了，从以前排名靠后的工业小城，成为国内公认的继北京、上海和广州之后的第四大城市。深圳成为中国最重要的创意中心之一。深双的探索目标也从深港双城拓展到珠江三角洲大城市，又通过"一带一路"倡议延伸到中国南海，在更大的背景之下继续探索城市发展的可能性。

华侨城不仅标志着深圳作为创意城市的崛起，而且还成为国家后工业重组的典范。华侨城除了在 2005 年、2007 年和 2011 年举办深双之外，还吸引了许多在深圳极具分量的建筑公司、设计工作室和文化机构入驻创意园区，其中包括深圳领先的独立现代艺术和设计的博物馆。虽然它的主题公园看起来有些过时，但是它的房屋和星级酒店提供了奇妙的体验，工作人员装扮成船夫，用温暖的笑容迎接客人并提供服务。尽管如此，华侨城的创新模式并不容易复制，这主要是因为它的成功取决于两个因素：1980 年代初深圳盛行的事业单位发展制度下的免费土地；工人的生活成本可以分摊到白石洲和其他城中村，这是 1992 年邓小平视察南方之后深圳普遍的一种商业做法。

一方面，华侨城由国家部委开发，不需要支付土地费用。1978 年到 1979 年，大批越南华裔被迫离开越南，22.4 万华人回归中国，大约有 4,000 多归侨被安置到光明农场。一位归侨的女儿提到，她的父母曾经很羡慕在惠州定居的亲戚，惠州是一个"真正的城市"，而不是像深圳这样的"农村死水"。1985 年，深圳加大现代化建设力度时，由于这些归侨的存在，国务院侨办将沙河华侨农场 4.8 平方公里的土地划归成立开发区。侨办任命新加坡城市规划师孟大强为华侨城总体规划咨询顾问，规划中强调了园林布局、制造业和住宅区的分离。这个规划原则被证明是合理的。到 1990 年，沙河和华侨城的工业园都竞争不过毗邻香港口岸的罗湖工业园和蛇口港附近的蛇口工业园。华侨城决定利用其作为罗湖和蛇口郊区的地理位置优势，为深圳不断增长的人口和港商开发主题公园和休闲区域。

另一方面，深圳在 20 世纪 90 年代初率先进行了社会主义事业单位的机构体制改革。此前，全国的事业单位为职工提供住房、医疗保险和子女的教育机会。在深圳则是截然不同的光景。20 世纪 80 年代，深圳的企业已经开始招聘没有本地户口的工人，使得工厂只能向一小部分工人提供住房、医疗保险和子女的教育机会。大部分工人都搬进城中村，租住在握手楼里。因此，如果从整个城市上空俯瞰城中村，就会发现它们都位于政府开发区附近。例如，在华侨城工作的大多数年轻创意工作者，在能够承担高档住房租金或商品房首付之前，只能住在白石洲。

符茳茳在握手 302 做的装置艺术《漂浮之欲》，体现了她在华侨城当平面设计师和她在白石洲的合租之间的漫步经历。梦想和野心像保鲜膜和聚苯乙烯泡沫塑料餐盒一般随处可见。碎片和蒸汽、人群和呐喊让最新的到来者和长期居民都感到不安。尽管欲望没有形体，但找工作、遇见生活伴侣、买房、搬出城中村这些平淡的愿望无时无刻不飘浮在空中，传达着白石洲生活的形状。

符荭荙用双面胶带、保鲜膜和丙烯酸涂料制作了此作品。这些材料本身很容易在白石洲找到，拾荒者们会回收塑料瓶再出售，而聚苯乙烯的泡沫塑料餐盒在装满垃圾的垃圾桶周围随处可见。在艺术空间往上走的街的另一头，有一个四五十岁的阿姨坐在通往酒店房间的楼梯前面，房间可以按小时或夜间租用。除非事情没有做完，否则没有人会住在这里一周以上。她弓着背玩手机，坐在一把便宜的木制椅子上，附近一个小巷子里的二手家具商店能买到这种椅子。符荭荙说，"我花了一个月的时间审视这些气味和污垢。现在我知道，在这里，没有时间可以用来休息。但如果没有白石洲这样的城中村，这个城市连开始的地方都不会有。"

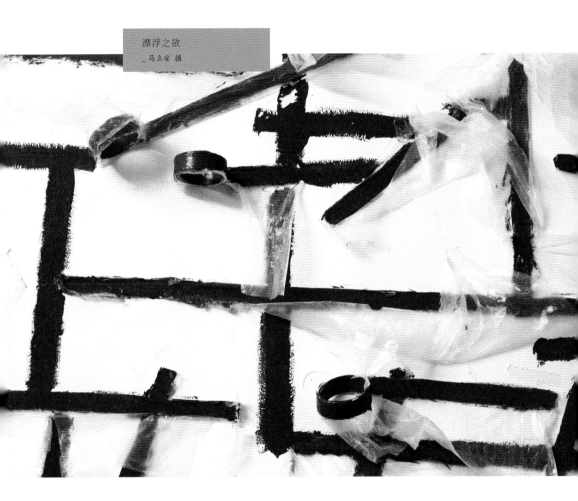

漂浮之欲

_马立安 摄

转型之扰

2018 年 1 月，深圳没有哪个地方能像白石洲一样完全实现如此惊人的城市地貌分布，这里仍然可以找到城市发展史中每个时代的建筑痕迹。白石洲北部并不是真正的白石洲村，而是上白石沙河工业园、下白石、新塘、塘头和封闭式小区的集合。这里可以找到晚清挖的淡水井，抗日战争时期使用的旧弹药库，以及 1959 年为因东江自来水厂工程流离失所的塘头家庭建造的农村客家宿舍。还可以找到 20 世纪 80 年代初期建造的两层楼工厂，20 世纪 80 年代后期建造的两栋半家庭别墅，90 年代的握手楼建筑，以及随着数十万人来到白石洲追寻深圳梦而繁荣起来的成千上万的餐馆、小零售铺以及霓虹招牌。

握手 302 的进驻艺术家 Sabrina Muzi 用白石洲发现和捐赠的物品制作了一个萨满风格的披肩和手持道具，她的艺术实践本身反映了井井有条的垃圾收集、分类和转售的流程，这是白石洲生活的一个特征。Sabrina Muzi 雇佣了三个人扮作幽灵，他们的身份通过手中的物品来区分——一人拿着废弃的控制板，一人拿着发光的东西，一人拿着小手电筒。演员们走过白石洲的几个代表性空间，包括一条菜市街道、一家餐馆和白石洲地铁站。在每个空间中，幽灵和白石洲居民的并置凸显了该地区坚韧的非正式

幽灵
_马立安 摄

性。在一张美妙的照片中，"控制板幽灵"走到一个位于违建工厂屋顶的临时仓库前。画面前方是废弃的轮胎和箱子，这些轮胎和箱子已经摆放好供将来再次使用。背景里，新塘彩色的瓷砖后面矗立着华侨城附近的高档高层公寓。

Muzi 色彩斑斓的披肩和肃穆的姿势引人注目，但道具的电线和闪烁的灯光暗示了白石洲的困境。正如郑快对白石洲电线的关注，Muzi 的《幽灵》认为白石洲不仅仅是一个阈限空间①，更精确地说是一个短暂空间。白石洲的居民的工作、生活与这种短暂性和不确定性并存，像电气一样闪烁在社区密集的电线网络之间。

① 阈限性是文化人类学中的一个概念，指一种社会文化结构向待建立的社会文化结构过渡间的模棱两可的状态或过程，是文化杂合的空间

城中村：消失中的城市

白石洲：
建筑的故事

万妍、欧阳伶星

建筑在缄默不语中道出史书言所不及的故事。

塘头村瓦房：

社会主义的农场宿舍

如塘头村瓦房这样低矮的平房，在深圳已经不太多见。它的来历要从 20 世纪 50 年代末的塘头村水库移民说起。

20 世纪 50 年代末，农民的生产积极性并不高，粮食更是严重短缺。在这种情况下，中央提出了以粮为纲的政策。

为了落实中央指示精神，当时的宝安县为了保证西乡、沙井两大粮仓增产、增收，决定在宝安铁岗拦河蓄水（现铁岗水库），用于灌溉西乡、沙井的农田。但由于水库库容面积较大，届时

2014 年的塘头村瓦房
_万妍 摄

四周的村庄将被淹没，而塘头村就在其中。原塘头村的上百户人家成为水库移民，部分需要动土搬迁。

搬迁的地点之一是宝安县旁的蔡屋围，此处以种花、养金鱼为产业。第二个正是国营沙河农场，以耕种为产业。当时的几位群众代表前往进行了多次考察，认为国营沙河农场人少地多（当时农场有 12.863 平方千米的土地），易于进行生产，生活较有保障。村民因此落居现在的沙河白石洲。

沙河地处宝安边防，与香港一河之隔。为保证边防安全，不损害国营农场的形象，搬迁的村民需要经过严格的筛选。村民需要先申请，再由工作队政审。最终，迁入 68 户，共 486 人。

农场没有现成住房和相应的建造财力容纳这些新搬来的塘头村民，公社出人出力，和村民一起建成了房屋。甚至大部分建筑材料是取自石岩塘头的拆迁房。

20 世纪 50 年代集众人之力兴建的这批瓦房位于沙河农场的中部，它们井然有序地排列，十栋分两列，一列五栋。屋顶为双面坡，上覆瓦片。四周是广阔的田地。

这些瓦房不是传统或现代的农民房，而是社会主义的农场宿舍。采取"一户一间"的分配方式。宿舍内部设施安排是统一标准，不管是几口人的家庭都分配一样大的面积、户型，拥有相同的窗户数量。从门口步入，左边是卫生间，右边是灶台，然后直入客厅，客厅背面的隔墙之后是卧室。

后来随着人口增加，为了增加居住面积，大部分家庭陆续对房屋有所改建。比如，将南面墙体南移，增加室内面积和二层平台；或是加建杂物间；有些房屋还把卫生间南移到建筑体量外，换取室内整体的大空间。

20 世纪 80 年代起，瓦房开始出租给来深务工的外来移民，村民陆续搬到新自建的农民房。2013 年 9 月，政府认为瓦房年久失修，将其判定为 C 级危房，通知租户必须搬迁。为了使作为房东的村民支持搬迁工作，政府每个月向房东支付 650 元补贴作为对租金损失的补偿。当月，所有租户都在规定时间内搬出了瓦房。

塘头瓦房结束了其为移民服务的历史，成为高密度城中村里的一片寂寥的无人区。

农民房：

务工潮下，野蛮生长

这是城中村在公众脑海里的最主要的空间印象。

成片的自建房，多有7—8层，密度高，间距小，被称为握手楼。临街的部分，往往一楼是店面，个体商户自发地集中在一起，形成了熙熙攘攘的菜市场、二手家具电器店、餐饮店、服装店等。楼上用于居住，每一层有若干个面积不等的隔间。

它们并非一开始就是如此，而是在20世纪下半叶的二三十年间几经变迁，在2000年左右才形成的状态。

自建房源起于村民们应对村中及外来人口增加的自发建造。塘头村村民在20世纪60年代进入农场，70年代已经开始面临人口增加、住房不足的问题，国营农场其他四个村也是如此，于是，村民开始自己动手兴建或改建楼房。此时，建房的材料多是石头和黄泥。

20世纪80年代中期，砖房逐渐开始出现，家具、日用品也慢慢丰富起来。图中的房子，1985年始建为一层，后又在上面加建为两层。1997年，这所房子又一次被推倒，建成一座七层的

鸟瞰白石洲，图片摄于 2017 年 6 月 20 日
_图虫创意 提供

20世纪70年代的白石洲建筑，中部较高的瓦房是70年代的旧屋，内部户型和塘头宿舍类似，有阁楼
_白石洲村民 提供

农民房——这是现今最典型的城中村建筑形态。

此时的施工队成员不再局限于本地村民，或是移民至此的塘头村村民，随着进城务工热潮到来的外来移民成为建筑工地的主力军。四川人徐飞从1997年就开始和广东的包工头合作，参与白石洲的农民房建造工作。据他说，当时主要有两个施工队，每队有五六百人，但队伍松散，流动性很大。修建塘头和上白石的农民房的建设者中，85%都是四川达州人。

农民房重功能，不讲究设计，主要依靠包工头的建房经验，基本没有图纸，偶尔有平面图。地基一般为两米，最深到两米五，基础挖好，用砖混结构或者钢筋混凝土结构建房。有时一些房东建房资金不够，就和包工头合伙出资，建好后分得不同楼层。

20世纪80年代白石洲的农民房大多是三到五层，每层平面类似于一套公寓。90年代后期，它的内部格局发生了极大的变化。随着深圳的外来人口急剧增加，低矮的农民房开始拆掉改建为七层或以上，每层的布局设计不再是一层适合中型家族居住的完整套间，而是开始有意多加分隔，方便同一楼层租给更多种类型的居住者——夫妇、只身来深打工的男青年、小型家庭……房屋的分布密度也陡然上升，几乎不讲究朝向、采光。"只要空间上有富余，就占领下来。"徐飞如此形容当年的建房现象。

学者马航将深圳市城中村空间形态的演变划分为三个阶段。1982—1989 是萌芽阶段，城中村非正规住房处于均匀较快增长；1990—2004 年为迅速蔓延阶段，城中村非正规住房呈现飞跃式发展；2005 年之后，增长骤减，出现明显落差，此时深圳市城中村非正规住房市场稳定，并步入改造阶段。

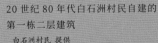

20 世纪 80 年代白石洲村民自建的
第一栋二层建筑
_白石洲村民 提供

白石洲农民房室内的风貌
_白石洲村民 提供

沙河工业区：

"三来一补"的工业遗产

沙河工业区的形成主要和政策有关。

深圳经济特区成立时，中央政府将深圳的建设目标定为出口商品基地、旅游区和新型边防城市。20世纪80年代初，宝安创改革开放之先河，采取"筑巢引凤"方式大量引进外资，发展"三来一补"工业。白石洲的沙河工业区在这种背景下由村民集资，沙河集团规划而成。

沙河工业区

_深圳城市\建筑双年展组织委员会办公室 提供

沙河工业区位于白石洲北部，占地 8.16 万平方米，包括 96 栋建筑，建筑面积为 108,795 平方米。尽管它的位置并不在塘头村的原始地界内，却是白石洲五村村民下岗后的新工作地点，也是集体物业。

如果说塘头瓦房代表单位时代非典型的"大院"的形式，那么沙河工业区就是单位系统不再有效时，形成的一种新的建筑群（compound）类型。它成为容纳本地村民和外来移民就业的空间，其中除了厂房，还包括工人宿舍、商业和餐饮等空间。

"三来一补"企业与拥有大量空间、以村民为主要集资人的工业区有着较为灵活的市场交易方式和不做声的规矩。比如，进驻沙河工业区的企业必须吸纳一定数量的村民进入企业工作。他们一般从事文职，甚至有时并不需要工作就可以拿到工资。不过，在一个遍地是机会与黄金的年代，这一些都是生意里微不足道的小成本。

企业的存在有效地影响了这里的空间形态。工业区的规划与建造以生产效率为核心，这造就一个方正、理性的厂区形态——方盒子体量排布均匀，建筑之间有充足间距，相对周围密集的握手楼，有着全然不同的空间肌理。

1996—2010 年，在新规划中，深圳进行了城市定位的升级，从较单纯的工业出口产业基地提升为具有全国意义的综合性经济特区。城市产业开始转型，关内土地价值越来越高，"三来一补"企业和工厂逐渐退出市中心，纷纷搬迁到城市更为边缘的地带。当下的沙河工业区，业态已经以零售和餐饮为主。

和深圳大部分的厂区不同，沙河工业区没有围墙，路网开放。作为厂房，它在规划之初没有任何公共空间相关的投入，但比起狭窄的握手楼片区，这里宽阔，有充足的日照，有一些空间就此承担了休闲活动的功能，比如文化广场、超市广场、商业步行街，居民们在此散步、静坐、发呆或是玩乐。

商品房小区：

别无二致的门禁社区

———————————————————

20 世纪 90 年代起，沙河实业就开始了商业地产的开发。

2001 年，我国第一部关于土地交易市场的地方性规章《深圳市土地交易市场管理规定》正式颁布实施，规定所有经营性土地无一例外地进入市场交易，标志着深圳土地出让、转让全面走向市场化。

在此背景下，沙河实业转变为一个有房地产开发业务的国有企业，通过房地产开发参与空间塑造。空间塑造的权力被下放到民营发展商手中，白石洲内部的商业小区和城市中其他的花园小区并无实质区别，成为独立私有的门禁社区空间。

曾氏祠堂：

微弱延续的乡土文化

农业生产的时期，白石洲四村拥有另一种空间——祠堂。根据下白石村民的口述，曾氏宗祠的占地面积在 114—180 平方米之间，坐北朝南。大门门匾上书"曾氏宗祠"，进门是院子，而后是拜堂，拜堂大门门匾书"安邦定国梁"。在塘头村瓦房建起之后不久的 20 世纪 60 年代，下白石的祠堂被拆掉了。

图中红色的小建筑是白石洲内现存的"神树"下的土地庙，周围是垃圾堆放处
_万妍 摄

城中村：消失中的城市

祠堂虽遭破坏，白石洲的乡土文化也还有一些遗存，例如上白石的"神树"。这棵被握手楼包围的"神树"是现在白石洲握手楼群中难得一见的绿色。树下有一个小小的"神庙"，庙内香火不断，里面供奉的牌位上书：大王伯公之神位。这也意味着传统的意识形态实际上并没有完全消失，而是微弱地延续着。

于是，在白石洲，就有了五种全然不同空间形态的并置和混杂。

白石洲建筑形态的混杂，是不同政策下社会群体空间博弈的产物，反映了人、社会、空间三个维度的互动痕迹，也无意间记录了半个多世纪波澜壮阔的移民史。

参考文献
万妍：《中国社会文脉下的城市建成空间变迁——以深圳白石洲塘头村为例》，硕士学位论文，深圳大学建筑与城市规划学院，2011

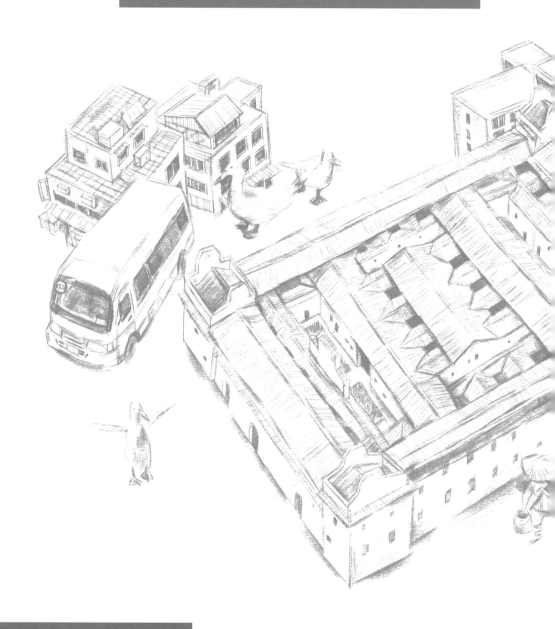

城中村：消失中的城市

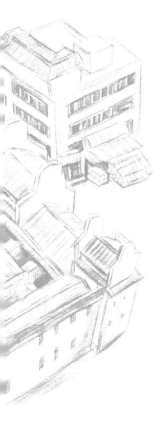

坑梓① ：
『围屋』里的深圳

黄满满

① 本文的坑梓指 2016 年重新划分街道前的坑梓街道，辖区范围包括现属龙田街道的龙田社区、老坑社区，及现属坑梓街道的秀新社区、坑梓社区、沙田社区及金沙社区

一群爱好摄影的朋友们在聊起每个城市"出片子"的好地点时总结，去北京要拍胡同，去上海要拍弄堂，去深圳要拍城中村。城中村，在百度搜索里指那些在城市化进程中滞后于时代发展，农民转为居民后仍在原村落居住而演变的居民区，被称作"都市里的农庄"。

在深圳地图上将这些"都市里的农庄"悉数圈出，便会发现这些地方就像是深圳这个高速发展经济体上被分割出来的"村落"，被繁华的都市圈所包围。而坑梓，它离都市圈太远了，与其说它是"城中村"，不如说它是"城外村"。

城中村：消失中的城市

边陲的边陲

_____

坑梓在深圳的盲点上，"盲"到什么程度呢？人们在讲述改革开放的故事时，总会从深圳是一个南方的边陲小镇说起，而坑梓就在这个"边陲小镇"的边陲上。我在解释这个地方时总是要先确认对方知不知道龙岗区，而坑梓在更东边的地方，与惠州市接壤。对深圳的认知仅局限于福田区和罗湖区的人总会似懂非懂地点点头，疲于解释的我在后来都会用"我们偶尔会到惠州喝早茶"来描述地理位置上的遥远。长居市内的小姨更"狠"，在别人问她来自哪里时，她总爱说自己是惠州人。

用耗费在公共交通上的时间来描述空间距离更为直观，从坑梓搭乘公交车到市区需要两个小时左右。深圳原有三条超过 100 千米的公交线路，除了为人熟知的 310 — 315 环线以外，其他两条线路均是横跨了深圳——从坑梓的东部公交基地出发，开往宝安福永。离坑梓最近的地铁站是 3 号线的起始站"双龙"，需要 40 分钟左右的公交车程才能抵达，途经坑梓的地铁 14 号线最快要在 2022 年才开通。最为快捷的交通方式应是高铁，从坪山站到深圳北站只需 20 分钟。2015 年开通时，宣告坪山区"高铁时代"到来的广告海报随处可见。但是捷运化的高铁车次不多，只有 9 趟，所以要去市内的时候，很多人还是会选择 K528 路公交车。

K528 车站，尽管已经不再"豪华"，
但仍有不少乘客
_黄满满 摄

由坑梓开往罗湖火车站的 K528 是深圳中旅开通的东部快线巴士的其中一条，每 15 分钟发车一次，因去程只停靠坪山汽车站，在不塞车的情况下一个小时就能到达罗湖站。据说这条线路在 20 世纪 90 年代已经存在，是坑梓连接深圳中心区的重要公交线路。当时 K528 还算是比较高级的，票价已经是每座 15 元。现在涨到每座 20 元，车型却依然是半新不旧的小巴模样，按新规配置的几个红色安全锤在车内非常显眼，原本可以打开的窗户也都全部锁死。

终点站罗湖是交通枢纽，有口岸、地铁站、火车站和汽车站。这么想来，K528 的乘客构成应该很是复杂，但实际上，很大一部分乘坐 K528 往返的都是熟客。有从香港来坑梓上班的技术工人，或是早年"逃港"现在时常回乡探亲的"香港客"，抑或是赶往香港探亲的"乡卜"亲戚。探亲的人一眼就能辨认出来，他们手里的东西很是固定：如果是从香港来坑梓，那手上一般会拿点奶粉、药品；如果是从坑梓去香港，那大包小包的行李里定会装着宰好的鸡或是亲戚菜园里种的蔬菜。车站旁卖咸香肉粽的老板生意一直不错，"香港客"搭车前总会从他这里买几个粽子。这么想来，K528 不仅是坑梓跟深圳中心区的联系，更是和香港的联系。

车站就设在一条主干道的北边，是一栋居民楼的一层，转个弯便能汇入坑梓最繁忙的路——坪山大道（原深汕公路），往西边行驶就会到达龙田路口，这也是坑梓第一个设置红绿灯的路口，附近的公交车站都以它命名。这里原本是一片农田，只有一条小路，在经历了多次扩建后，现在已经变成了双向六车道。从 K528 的车站处到龙田路口，沿着这条道路的两旁集合了整个坑梓最为典型的景观，新旧交替在这条主干道旁不断地上演。居民自建楼与新旧商品房、前身是旧学堂的光祖中学、批发市场与商业步行街、港资旧工厂与筹备中的地铁站……这些空间如同一个个时代的标本，并存于道路两边。

这里有着许多深圳改革开放的痕迹，却很难让人想起这里也属于深圳——没有拔地而起、像钢铁巨人般的高楼大厦，没有五光十色、布置着奇观装置的大型购物广场。对比"城中村"的概念，坑梓的确是深圳在城市化进程中，滞后于时代发展的区域，但和湖贝、水围、白石洲这些城中村不同，坑梓并没有能造成强烈视觉冲击的"城围村"景象。比起这个像是比喻城市包围农村的说法，它更像是一个顺应"正常"发展规律缓慢前行的区域，没有经济神话，也没有城市更新剧烈的冲突与变革，而在深圳的边缘偏安一隅。

昔日分隔特区与宝安、龙岗的二线关拆除之后，物理上的区隔消失了，但深圳组团式带状发展的模式却也使得连接各片区的快速轨道交通网络的建立如同拆关过程一般漫长。尽管简·雅各布斯曾在《美国大城市的死与生》里说："除非是生活在一个地图里，没有多少人会认同一个抽象的叫作地区的地方。"但是，我更相信地铁网络改变的不仅是实际的出行体验。简化的、用平均分配代替比例尺距离的地铁图影响了大部分人对深圳整体地图的认知，创造了一个"地铁深圳"，坑梓这种地铁覆盖范围外的郊区在地图上失去标注，自然与"深圳"这一概念脱轨。近期，粤港澳大湾区也影响深圳更趋于向西发展。昔日福田村村民感慨"南头——北京咁远"（南头城原为新安县县衙所在，村民此话意为去一趟南头城像去北京一样远），直到今天，老一辈的坑梓人还是会把去罗湖称作"出深圳"（因罗湖区东门一带原为"深圳墟"），何尝不是因为市区的遥不可及？

和其他城中村一样，坑梓也有"脏乱差"的污名，甚至更为糟糕，大多数人脑海中一直挥之不去的还有"关外"就是"法外"的印象。直到2007年，还能在贴吧上看到坑梓被描述成一个黑帮横行、路上随时会发生抢劫案的混乱之地。其实，只要抛开各种概念的限制，坑梓不过一个受城市化影响，由客家村落生长而成的城市郊区。也许，坑梓的边缘在于它在深圳的范围以内，但却不是大多数人想象中的那个深圳——不管是关于一个崭新国际化都市的想象，还是关于一个南方边陲小渔村的想象，都离坑梓很远。

围屋：

滨海客家的生活遗迹

某种程度上而言，缓慢的城市化进程对坑梓是一种幸运，这使得此处的许多客家围屋避免了被推倒的命运留存下来。在一场名为"身边的城市——去围屋串门！"的活动中，深圳大学的退休教授刘丽川老师回忆起二十多年前她与丈夫一同到坑梓调研的场景——秋天稻谷成熟的时候，她坐在自行车的后座，在农田中穿梭着，看"散落"在金色稻田间中的围屋。这个如画作般的场景让我神往不已，但现在，这些客家人昔日的住所不再是稻田掩映的模样，它们或被包围，或被覆盖，隐藏于村民新建的居民楼中。在某种意义上说，这些围屋也是城市化进程中滞后于时代发展的陈旧居民区，是村子里的旧村。

土木再生城乡营造研究所的调研员李凌云在报告中这样写道："客家围屋的年代及地理分布是写在大地上的族谱和人类学文化地图"。在坑梓这片土地上，有黄、高、林、廖、赖、李、叶、池、卢、杨、薛等家族，其中，黄氏最具代表性。两百年间，沿着"阿婆叫沥"和"大沥"两条河流建造的46座围屋，便是黄氏写在坑梓这片土地上的家族历史。

将多方的叙述组合起来，我总算能以较为清晰的脉络了解祖辈开基的故事。坑梓黄氏一世祖朝轩公在清朝初年的"迁海复界"后从惠东白马（今属惠州市惠东县）来到坪山江边（今属坪山区马峦街道）开基，建立黄氏宗祠。其子居中公于康熙三十年（1691年）携三子迁居到老坑（今属坪山区龙田街道），并建起了现坑梓范围内的第一座围屋——"洪围"。黄氏从居中公刚到老坑时的一家五口一度发展到占坑梓总人口的80%，变成坑梓的大姓。据说"坑梓"这一地名原写作"坑子"，与二世祖所在的"老坑"相对应，内含二世祖居中公与其后代的关系。

让我印象特别深刻的黄氏围屋有三座：新乔世居、龙田世居以及荣田世居。三世祖振宗公建立的新乔世居的围屋还是较为典型的梅州围龙屋风格——围屋占地8,480平方米，整体呈椭圆形，前面是有蓄水、防火、养鱼等功能的半圆形月池，后面抬高地势的是有风水作用的化胎，保留了半月围龙。而六世祖奇纬公所建的龙田世居已经脱离了典型围龙屋的制式，体现"滨海客家"在迁徙过程中因地制宜的变化——围屋占地5,000平方米，整个世居的形状犹如龟背，用三面环水代替原有半圆形月池，屋后用风水林代替了化胎，正门的右前方还有用于迎客的风雨亭。龙田世居的围墙很高，围屋的四个角都有用于瞭望的角楼，并设有连接用的跑马廊，宛如一座古堡。看到龙田世居就会明白，为什么张卫东、刘丽川伉俪更愿意把坑梓的围屋称作"围堡"。占地4,820平方米的荣田世居是清末时期建立的围屋。此时的围屋已经吸收了更多样的建筑元素，它代表着客家围屋最后繁盛的光景。正门裸露的夯土墙呈现出漂亮的焦糖色，江南园林般的六边形侧门，还有各式精美雕饰，无一不展示着围屋主人当时的富足。

随着人口的增长，在围屋的一个小的隔间中可能就挤了一家几口。后期出现了小型、家庭化的围屋，还有除去防御功能仅保留居住功能的斗廊院。这些演变都更加贴近小家庭的生活需求，渐渐与现代民居趋同。

尽管已经没有人住在围屋里，但围绕旧围屋而建的新村给我的感觉依旧是客家村落式的，只是更现代一点——即便离开了传统民居，原有的习俗还保留着。以"过年"为例，每年的农历十二月三十和正月初二，家家户户都会用扁担挑着装满祭品的箩筐到围屋里的祠堂祭拜。大年三十的晚上，家里会用酸橘的皮和叶子烧一锅"大吉水"用来洗澡，寓意是洗去过去一年的晦气，在新的一年大吉大利。小朋友在洗过"大吉水"换上新衣服之后才可以跟长辈拜年、讨红包。年夜饭桌上必不可少的菜除了鸡肉、鱼肉、炸猪肉等硬菜以外，还有薯菇（荠菇）和酿蚝豉。长辈们总

亨龙楼，于20世纪90年代建成的商品房。在开盘时（1992年或1993年，说法不一）售价为17万一套
_黄满满 摄

说过年吃了荠菇才算长大一岁，不吃这个年就白过了。酿蚝豉和其他的客家酿菜不一样，不是把馅料塞进蚝干中，而是用白色的猪油网把生蚝干与肉碎、冬菇碎和鸡肝包裹在一起，再焖煮。因为"蚝豉"与客家话的谐音"好事"相近，所以它也成为年夜饭上必不可少的一道菜式。梅州的朋友知道这道菜之后笑道："你们还真是海边的客家人。"

市区原住民又是另一种生活方式了。在一次名为"福田新家谱"的调研中，我曾拜访过福田村的原住民——大多是爷爷奶奶辈的。老一辈的原住民容易识别，在茶楼、港式茶餐厅里都少不了他们的身影。一位奶奶告诉我，买完菜、喝完早茶后，老人家都喜欢聚到老人活动中心打牌。而这个老人活动中心所在的位置就是原来福田村的祠堂，它的一楼也仍然保留祭拜的功能。

当然，二者和都市现代生活也不那么一样。工作后的我在下沙村租房，每天早晨匆匆路过下沙广场时总会看到一群老伯在黄思铭公世祠的门口，或站立，或席地而坐。在某些日子，下沙的祠堂里会弥漫出香火的烟雾，让我在赶往地铁站的途中想起过年的味道，城市生活和原住民习俗在那一刻产生了连接。但这种嵌合在走出下沙村巨大的牌坊后又瞬间断裂，再次淹没在京基滨河时代的楼宇中，回归现代城市。

身份认同：

不是问题的问题

在历史上，坑梓经历多次历史沿革：1958 年以前，坑梓这一范围归属惠阳县（原宝安县不含今龙岗区、坪山区、大鹏新区）；1958 年后纳入宝安县（今深圳的范围），后又被反复更改为归属宝安县或龙岗区，直至 2009 年与坪山街道一同从龙岗区被划分并建立新区至今。

尽管行政归属发生了多次改变，但这似乎并不影响坑梓原住民的集体身份认同，很大一部分原因是祖辈在三百年前已扎根于此。在黄氏专用于认亲的"外八句"中有这么一句话："年深外境犹吾境，日久他乡即故乡。"意为客居他乡多年以后，外境会犹如吾境，他乡也会变作故乡。坑梓的客家人已经"反客为主"，成为本地人。他们从围屋中搬出来，围着围屋重新建起的村子也保留了原有的肌理——既是宗亲，也是邻里。

城市化之所以没有大幅度冲击这里的宗族和社会关系网络，是由于改革开放时实施了股份合作制。20 世纪 80 年代中期，为了在深圳这个边陲小镇迅速推进城市化，在特区范围内，以自然村（生产队）、行政村（人队）为单位的农村集体分别建立起了经济合作社、经济发展公司，到 90 年代初进行了股份制的改革，成立了股份合作公司。至 1993 年，特区范围内率先完成了农村城市化的改革。十年后，改革在宝安区、龙岗区开展，二线关外的农民们也全部"洗脚上田"。至此，从 1992 年开始推进的"农转非农"让世居深圳的农民们获得了城市户口，深圳也变成了中国第一个没有农民的城市。与此同时，诞生了一种包含血缘关系、地缘关系在内的强大组织——股份合作公司，它融合了农耕和迅速城市化的成分，既拥有农村意识，又拥有城市意识。这一农村城市化的方式在全市范围内都保住了深圳原住民的社会关系网络，其中，龙岗（包括现在的坪山区）建立起的 308 家股份公司就占了全市的 36.1%[1]。这也是坑梓原住民的生活状态没有被割裂的原因。

尽管对于自己是深圳人这件事情不曾有过怀疑，但是坑梓的原住民却非常明确地将自己与"市区的深圳人"区别开来。这种区分首先体现在语言的差异上，继续细究的话不难看到背后的地缘、文化族群认同和政策共同作用的身影。

深圳的原住民数量不少，按方言可粗略分为广府人和客家人：广府人分布在深圳中西部、深圳河沿岸和深圳墟一带，使用粤语方言；客家人分布在深圳北部及东部，讲客家话。经济特区初建时设立的"二线关"将罗湖区、南山区和盐田区写圈入经济特区范围以内，它们城市化的时间和程度上都先于和强于远在东部的坑梓。改革开放初期，不少坑梓的农民持"边防证"进城务工，或先一步取得了城市户口常居市区，又或回流坑梓。因二线关内的这几个区域地势较平坦开阔，世居于此的恰好是广府人，便有了部分广府人认为自己的祖先先占了这些好地，后来的客家人被迫到山里开基定居的说法。故虽同为深圳原住民，身份认同也存在地域上的差异。

[1] 李旦明：《加快推进原农村股份合作公司改革》，《特区实践与理论》2007 年第 1 期。

坪山大道龙田路口段，这里是坑梓最繁忙的十字路口。
尽管深圳在 2008 年就已全面禁摩，而后又补充了"禁
摩限电"条例，但在坑梓依然可以看到许多非机动车
_黄满满 摄

占深圳居住人口少数的原住民之间的身份认同尚且有异，更别提
几十万新移民的乡愁何处安放。深一代于 20 世纪 80 年代来到深
圳，依靠奋斗与机遇在城市站稳脚跟，成家立业。对他们而言，
深圳是二次选择的故乡，他们对深圳的认同来自家庭、事业，或
者是更加具象的房子，但心中的"根"却在"老家"。而深二代
则更为迷惘，从小在深圳长大，"老家"是一个一年回不去两三
次的地方，是父母的家乡，谈不上什么归属感。自己的故乡是哪
里？深圳吗？再继续追问下去，那些卖掉了家乡的土地，在深圳

租房子生活了几十年的人们，算不算深圳人？他们的孩子在深圳长大，拥有一个回不去的家乡，算不算深圳人？身份认同是一个抽象的概念，它界定的是"我是谁"的问题。在很多时候，它并不侵扰心灵。但在遭遇一些真实的境遇时——户口限制上不了学，水涨船高的房租把人推往城市边缘，这个问题就会在心中永久、沉重地回荡。

如今，建设中的深圳地铁14号线，"坑梓站"选址附近的港资厂房已被征收，完成清拆后将建起新楼盘，就连周边的农民房都已被纳入了楼盘第二期、第三期的范围。租房、子女上学这些问题也许会随着更多坑梓移民的流入成为更为宽泛的乡愁。对于原住民而言，这些变化也意味着坑梓人在完成"洗脚上田"十多年后，将要"上楼"——从"有天有地有院落"的独栋农民房搬进高层商品房。适合走街串巷的村落肌理将被切割成规整的花园小区和公路，略带"土味"的老地名也会被改头换面（坑梓的"鸡笼山"就被改名为毫无关系的"聚龙山"）。

但也许这无关紧要，原住民们既然可以在搬出围屋之后，形成一个更"现代"的客家村落，那么在"上楼"之后，深厚的宗亲血缘依旧可以把齐整的商品房变成"楼落"。

我曾询问不少朋友，对坑梓有什么印象？一位在坑梓长大的朋友立刻答："我家啊。"比起迷茫的新深圳人四处不可寻的乡愁，缓慢的城市化、稳定的生活以及客家这个颇具漂泊色彩却不随地域和宗教改变的身份，带给坑梓人的或许是更为牢固的身份认同。

深圳坪山高铁站内景

_黄满满 摄

坪山大道坑梓段一侧，一位到坑梓
投资开办工厂的老板说："这里的楼
都这么矮，以后肯定很好征收。"

_黄满满 摄

笋岗村：

有神的『城市』

连兴槟

短短数十年间，深圳从一个边陲小镇跻身至国际大都市的行列，堪称城市发展史上的奇迹。2004年，深圳成为全国首个没有农村的城市，揭开了城市化进程的新篇章。不少人把深圳比喻为"一夜城"，却往往忽视了它的历史和文化。

城市化速度虽快，但原有的民间信仰并没有因此消失。民间信仰自古是百姓在心理和日常生活上的精神支柱，人们祈求祖先与神明的庇佑，有时也希望能借助神灵的力量解决自己力所不及的事情。

如今，不少城中村还保留着祠堂和庙宇，那里依旧栖息着神灵。这些传统场所有所衰落，其功能也发生了变化，但它们始终能在城市发展过程中保有一席之地。在深的潮汕人把他们的祭拜习惯带到了城市，城中村里的庙成为他们延续传统的新场所。

笋岗村至今传承着重阳祭祖和吃大盆菜的传统，祭祀土地神的神厅和祭祀妈祖的天后宫在这里依然香火不灭。从其兴衰中，我们似乎能看到深圳城中村命运的缩影。

祠堂：

城市宗族文化的兴与衰

———————————————

我从研究生开始关注城中村，不曾料想在这繁华的国际都市里还
能看到如此多的祠堂和庙。

2010 年末我初次到笋岗村，是因为来自日本的友人要参观这里的
"元勋旧址"。拥有 600 多年历史的元勋旧址俗称"老围"，是深
圳市内保存得比较完整的广府围村建筑，分别在 1988 年和 2002
年被确定为市级和省级文物保护单位。

与老围相比，笋岗村祠堂的知名度没那么高，我们当时通过当地
居民介绍才知道它的存在。祠堂重建于 1999 年，现名为何真公
祠，祭祀的是何氏一族的祖先何真——人称"岭南王"，是明朝
开国元勋之一。

旧祠堂原本位于笋岗村南边，曾经有一段时间是村里的学堂。受
20 世纪 80 年代以前破除迷信之风的影响，旧祠堂大多时候被闲
置，鲜有村民前往祭拜。1996 年时，旧祠堂因政府征地修建立交
桥被拆迁。听村民说，当时并没有太多反对的声音，重建新祠堂
时，也有十几户村民不愿意出资。

旧祠堂遭受冷落，与经济上的贫穷也无不关系。改革开放以前，笋岗村就如深圳其他村落一样穷。一些青壮年早年偷渡到香港，余下的村民基本都忙于农耕，无暇打理祠堂。新祠堂建成后也有过同样遭遇。我初次到祠堂时，恰好看到正门处有一边的灯笼已损坏，正面墙上有白色涂鸦，墙边堆放着被弃置的马桶和装修垃圾。

我曾多次到笋岗村进行调研，在 2012 年年底前也没能遇上祠堂开门的时候。村里一位老人告诉我，是因为负责人去世了。原本有三位中老年村民自愿在祠堂里帮忙，负责开门、打扫卫生等杂活。以前每逢初一、十五，这位老人都会到祠堂上香缅怀祖先，现在也只能因祠堂不定期开门而被中断。不过对其他村民来说，这似乎也无关紧要。毕竟除了这位老人，定期到祠堂祭拜的村民本来就不多。

何真公祠
_连兴槟 摄

进入何真公祠参观的小小愿望，等到了 2012 年年底才实现。时隔两年，门前的灯笼已换新，墙上的涂鸦和墙边的垃圾已不见踪影。当时刚好有村民在祠堂里打麻将、看电视聊天。站在门口能清楚地看到祠堂深处的大雕像。一般祠堂应该摆有宗族祖先的牌位，这里却仅有一座老祖宗的雕像。当然，整个建筑依然保留了广府祠堂的构造，只是看起来更像一个村民的活动中心。有村民开玩笑说，在祖先面前打麻将，就不会有人敢赖账。

自那以后，遇上祠堂开门的次数逐渐增多，据说请了管理员。尽管如此，恢复正常管理的祠堂只吸引了少部分村民的到来，那里依旧显得冷清。

虽然祠堂的作用已发生了变化，但祭祖的传统并没有被遗忘。大多村民家里设有神龛，主要用于祭拜家神，即本家祖先。这样的习惯形成已久，并没有因为外界的打压而销声匿迹。在"破除迷信"特定时期，部分民间祭祀活动被迫转入"地下"，信者的家里成了其中的一个避风港。与族祭相比，家祭属于小集体的活动，较容易得到维持。

而今，以村为单位的族祭活动已不似从前那么频繁，仅剩每年的重阳祭祖。与其他城中村不同，笋岗村习惯在重阳节前一天祭祖和吃大盆菜，一年里只有这一天才能把村民们都聚集起来。这场一年一度的大聚会看似简单短暂，但也无碍村民们抒发对祖先和家乡的情怀。

当天，村民们会先到祠堂和附近山头进行祭拜，等到傍晚时分，大家共聚老围前的广场，享用大盆菜。盆菜宴所需费用来源于一栋楼房的租金，该楼房建于 1980 年代，出资人为移居香港的部分村民。得益于这笔稳定的资金，笋岗村的盆菜宴才得以维持至今。每年约有 600 人参加盆菜宴，其中包括部分移居香港、海外的本村人和来自东莞的何氏宗亲。

何氏祠堂的现状似乎意味着城市宗族文化的衰落。祠堂本是宗族文化得以延续的主要场所，在这里，宗族通过祖先崇拜延续血缘关系、维持内部团结和维护集体利益。学者林晓平曾指出，立祠祭祖原本是君主和贵族的特权，宋代以后才扩散至民间。在朝廷减少对祭祖和商业活动的限制后，民间宗族的数量、规模和财力都大有增长，引起了兴建祠堂的浪潮，祠堂数量在清朝期间达到峰值。

但在 20 世纪的大部分时间里，由于受西方启蒙运动思想的影响，包括宗族文化在内的民间信仰遭受了抵制乃至清除。这种打压延续至中华人民共和国成立后，"文革"期间尤甚。有些祠堂成了公社办公室，牌匾、族谱和先贤的牌位被毁坏，族田和族产也被没收重新分配。

除了来自政治思想方面的影响，纵观宗族发展的历史，不难发现其兴衰也与贯穿其中的经济逻辑有关。

改革开放后，不少地方相继开始修建祠堂和编纂族谱。深圳城中村的特点在于，其宗族文化与宗族关系的恢复更多地体现于"三来一补"工厂的兴起以及股份制合作制的导入。在此基础上获得经济收益后，有些城中村开始修复或重建祠堂。

中国传统社会中的乡村自治大多以宗族制度为背景，一个以宗族为基础结构的乡村是否团结是否强大，大多与它的经济能力相关。社会学学者周大鸣在追踪和研究华南地区的宗族与乡村生活时提出，宗族文化得以迅速恢复，主要是因为人们的生活水平得到了提高，这得益于改革开放政策打下的经济基础。而改革开放后实行的家庭联产承包责任制，实质上是传统小农经济得到恢复的结果。此过程中，根植于传统小农经济上的宗族社会和民间信仰也得以恢复，使得传统的资源如宗族关系能被用于农村社区的建设上。

对城中村宗族来说，村改居所带来的制度上的影响是巨大的。村民们不得不洗脚上田，不得不更换自己的工作形式，其中有不少人进入了"三来一补"工厂工作。在政府的鼓励下，不少村委会利用被征地时所获的资金建立了实体经济。1983 年，深圳第一个农村股份合作经济应运而生。次年，笋岗村里也成立了笋岗企业公司。

如今大部分城中村仍保留这样的"集体经济"，它是否盈利很大程度会影响村民们对该村的归属感。虽然村民在城市化过程中已转为城市户籍，但他们仍保留着"村籍"，只有拥有"村籍"才能分到"集体经济"的股份以及获得分红。笋岗村的"集体经济"曾经取得过成功，但现在已大不如以前，公司已有多年没有分红。虽然近几年村里发放了现金股，但其分红并不高，基本算不上是村民们的主要经济收入。

在"集体经济"失去影响力的情况下，笋岗村的"村籍"能给村民带来的经济收益已不多。一些村民的主要经济来源只剩房租收入，这使得村民对集体的依赖性减弱，影响了宗族的向心力。

庙：

潮汕人的"朝圣"中心

与祠堂不同，庙的神明信仰没有以血缘为前提的排他性，对香客的限制并不多。笋岗村里就有祭祀土地神的"神厅"和祭祀妈祖的"天后宫"。

神厅位于元勋旧址内最深处，里面供奉着土地公和土地婆。在元勋旧址被确定为省级文物保护单位后，因其原貌受损严重以及存在消防隐患，罗湖区政府采取了保护行动，将里面的住户一并迁出。从 2005 年 3 月开始，除了正门处的一户居民之外，旧址内已不允许任何人入住。根据区政府的数据显示，迁出前旧址内有住户 210 户，达 700 多人，均为外来人员。这些外来人员只是租客，房子仍属于村民。因此只有失去租金收入的村民可以得到政府的补偿。

随着从一个平民居住地到文物保护单位的转变，元勋旧址里的生活气息骤然消失，只剩神厅还维持着原有功能。

据门前的石碑记载，神厅大约也有 600 年历史，基本与老围建于同一时期。1980 年代以前的神厅长期荒置，门前长满野草。有时候神厅前插着香，红光微闪。这种凉飕飕的景象，在当时的孩子看来，有些灵异可怕。由于年久失修，神厅屋顶出现了坍塌，为此，村里在 1980 年代对其进行了修缮。之后，又于 1999 年进行了第二次修缮，同时在里面增设了土地公和土地婆的神龛。

土地崇拜与祖先崇拜同属村民最基本的崇拜。对传统的农民来说，土地是其赖以生存的基础。大多数城中村的村民，至今仍依赖于土地所带来的收益。他们在村集体分配的土地上盖起了房子，给外来务工人员提供住所，以此获得租金收入。但是，和宗族信仰一样，土地崇拜也有衰落的迹象。有些村民会在家里祭拜土地神，却很少会去神厅。

神厅得以正常运营，主要依靠的还是以潮汕人为主的外来香客。深圳建特区后，陆续有外地人住进了老围，其中以潮汕人居多。他们当中有些人在村里的菜市场做小买卖，有些人在旧时的屠猪场上班，基本都是起早贪黑。当时已有不少潮汕人会到神厅里拜神。神厅成了土地庙之后，前来拜神的潮汕人更是络绎不绝。

一到农历初一、十五，就能看到一些香客带着祭品往老围的方向走。这些香客大多是已婚的潮汕妇女，也有一部分是中老年的潮汕男子。另外，还能看到正门处有一位妇女在卖纸钱、香烛等祭祀用品。她也是潮汕人，只有神厅对外开放的时候才会来这里摆摊。"女承母业"，现在大多时候是她的女儿在负责。这一天，只要站在老围大门处，就能闻到里面传来烧香的味道。除了添香油钱，一些潮汕香客还会帮忙打扫卫生，清理烧香烛纸钱留下的灰烬。

神厅对外开放的时候，位于老围旁边的天后宫也一样香火旺盛。天后宫跟祠堂一样是村民们集资重建的，大小与祠堂相当，比神厅要大好几倍。天后宫原本位于老围东北方向的铁路边，1999 年冬迁至今址。庙内除了妈祖，还祭祀着财神、开山大神等众多神明。

天后宫里有笋岗实业股份有限公司专门聘请的管理人，平日都会对外开放。不过也只有在初一、十五和"妈祖诞"的时候，天后宫才会显得热闹一些。与神厅的情况一样，前来祭拜的村民寥寥无几，基本也是潮汕妇女居多。

前来祭拜的香客大多住在附近，初一、十五到庙里上香，似乎已成为他们日常生活的一部分。香客们之间有时会寒暄几句，但一般不会逗留太久。由于村民们对两座庙的关注度不高，因此即使在土地公和妈祖生日的时候，也没有特别的祭祀活动，只是这时候前来祭拜的香客会比平常更多，更显热闹。

潮汕人如此喜欢拜神，与潮汕地区的地方文化有关。潮汕地区自古与政治中心相隔甚远，那里交通闭塞、人多地少、土地贫瘠、生产技术落后。以前的潮汕人靠天吃饭，神明信仰是他们的主要精神寄托。潮汕人的祭祀对象和祭祀活动种类繁多，这种民俗延续至今，他们把拜神的习惯带到了城市。

与宗族信仰一样，神明信仰也属于民间信仰的重要部分。林美容将神明的原型分为"生前对社会有重大贡献且积有厚德的历史人物"和"人们所恐惧的因战争或疫病等死于非命的幽灵"两大类。信者期望能借助神明的力量解决一些自己无法解决的问题，也会祈求神明保佑平安，以此获得精神上的安心。

在潮汕地区能看到各种各样的庙宇。一般村庙的活动具有组织性，村民的参与率较高。若在多姓村，有些村庙的影响力往往甚于当地的祠堂，它能通过共同的神明信仰把异姓村民团结起来，

神厅
_连兴槟 摄

具有地缘性。这种地缘关系有时会扩大到更大的区域，如广州的一些城中村盛行"拜猫"。在那里，对猫的崇拜已超越了城中村的范围，属于一个地区的共同信仰。

在宗族信仰出现衰落的同时，笋岗村民对神明的寄托也不像以往那么强烈。"都已经搬出老围了，还回去（神厅）干什么？"此话道出了部分村民的心声。

从 1980 年代初开始，曾住在老围里的村民陆续搬出。老围的居住环境并不理想，给村民留下的更多是贫穷的回忆。对村民而言，无论是旧时衰败的神厅，还是修缮后转变为土地庙的神厅，其影响力都不大。1980 年代以前的神厅基本处于荒废状态，里面没有神灵存在，如今的土地神也是 1999 年才增设的。如此看来，神厅算是城市化过程中出现的"新"庙宇，其功能不同于上述的村庙。

不过，笋岗村里的庙并没有变成摆设，热衷于神明信仰的潮汕人赋予了它们新的作用。在深圳，除了笋岗村，像湖贝村、黄贝岭村等有庙的地方也能看到潮汕人的身影。据说湖贝旧村的伯公庙为潮汕人所建。潮汕人一般会在家里摆设神龛，供奉财神爷、土地爷等神明。只要家附近有庙，他们通常都会前往祭拜，大多是求神保佑一家平安，如家里有人做生意的，还会祈求生意兴隆。

潮汕人把自己的信仰带到了像深圳这样的大城市，他们把城中村里的庙用作延续祭拜传统的新场所。这些庙已不像旧时的村庙那般具有促进社区凝聚力的作用，但仍能满足信仰群众的精神寄托，不断适应城市发展所带来的冲击。

天后宫
_连兴槟 摄

元勋旧址
_连兴槟 摄

蜕变与融合

深圳是一个在乡村社会的基础上发展起来的年轻城市，这里的城中村称得上是深圳发展的缩影。

在城中村形成的过程中，乡村社会的生产方式和社会结构已发生过一次翻天覆地的变化，但脱离农耕后的大部分村民，还是把希望寄托于村里的集体经济和土地上盖起的房子。仅有少量人力资本的村民，能依靠的还是乡村时代的社会关系。

不过，这对村民来说是被动的，因为村集体经济的成与败和房客的多与少，将会直接影响他们的生活水平。所幸的是，深圳特区的建设大获成功，村民们随之经历了一次完美的蜕变。2004年，随着村改居的全面实现以及《深圳市城中村（旧村）改造暂行规定》的实施，深圳的城中村迎来了新的挑战，这又是一场传统与现代的博弈。

早在2000年，李培林先生就提出城市里的村落将会迎来终结。当然，这个过程不是轻易完成的，城中村由血缘地缘、宗族、民间信仰以及村规等要素构成，并不是非农业化和工业化就能将其完全城市化，关键在于产权的重新界定和社会关系网络的重组。我国大城市近年来的旧改项目，呈现的便是城中村的另一次重组。

作为乡村社会的传统之一，民间信仰在 20 世纪的经历堪称曲折，但无论是西方启蒙思想还是破除迷信政策，都没能把它消灭殆尽。改革开放后，民间信仰获得重生，却又难以逃脱高速城市化的影响。

但是，民间信仰并非一定与城市化对立，这不是一个简单的同化、吞并过程。一些比较富裕的城中村致力于保护传统文化，他们会在高楼和购物商场之间重建祠堂，也会把祭祖活动办得隆重、热烈。放眼与深圳接壤的香港，也能看到那里有祠堂和庙，它们能与城市社会共存。

在从农村向城中村的转变以及城中村旧改的过程中，民间信仰不断在蜕变，融入城市社会，构成了新的传统。或许，这样的新传统能演变成一种大众文化，根植于城市社会。城中村的故事，道出的正是这种蜕变与融合的过程。

桂庙：大学旁边的城中村

穆木

城中村里的大学宿舍

深圳大学从 2005 年扩招之后，校园里的宿舍无法容纳计划之外的学生，深大向毗邻的桂庙新村租借居民楼，作为临时学生宿舍。高峰时期，深圳大学租了村里 34 栋居民楼作为学生公寓，住宿学生 7000 多人。自此桂庙的学生宿舍和其他普通居民楼混杂，形成了一个大学生集体生活在城中村的奇特景象。

2008 那年我上大一，第一天到深圳大学报到时，班导学长带着我去宿舍。一路上我都憧憬着深圳大学的宿舍有多美妙，听前辈们说都有电梯，有空调，有独卫，上床下桌……班导员带着我走着走着就走出了学校，穿过西部百货，进入桂庙新村。我正纳闷，学长把手一指，"到了，这就是'桂一'宿舍"。我抬头看，一栋贴着绿白相间马赛克的居民楼。拿了钥匙，搬着行李，爬楼梯上了四楼。推门一看，傻眼了——大白天的屋子里竟然昏黑一片。宿舍四面不透风，阳台撑一支晾衣竿便能够到对面宿舍的窗台。没有空调，只有一把吊顶扇。深圳的 9 月又闷又热，宿舍里更是令人窒息。听先住进来的舍友说，就在刚才还有一个其他学院的舍友来过，进来转了一圈就决定退掉宿舍。我想着先住下，等学校里有空床位再申请回校——没想到在"桂一"一住就是四年。2008 年到 2015 年，我在深圳大学上学，念完了本科、硕士，前后在桂庙新村生活了 6 年（除去硕士一年在南山大道创华宿舍住过一年）。

桂庙宿舍冬天冷，夏天热，不透风，室内一股潮湿的气味，衣服永远晒不到阳光。电力供应不足，隔三岔五停电。夏天尤甚，每逢此时，宿舍没有办法呆，桂庙的大学生们便赤膊摇着扇子，下楼到村口的大榕树下纳凉。大学生们光着膀子，啃着西瓜骂着娘，这景象十分魔幻。等电工维修好，半小时左右电力重返，宿舍才可以开灯开电扇。宿舍无热水洗澡，冬天需要提桶下一楼打开水掺冷水洗澡。又因为楼下就是食肆，夏天蟑螂横行、蚊蝇滋生，十分恼人。回南天时，宿舍所有东西都是湿的，书都发霉起斑。每回与外人提起特区大学的宿舍生活，大家都难以置信。

其时，桂庙的出租屋租金，平均 20 平方米 2500 元一个月。相比之下，深大桂庙宿舍的价格，450 元一个学期，免水电费，这样的价格在南山区乃至整个深圳市内，都是不可思议的。这么低的住宿费，一部分当然是因为高校的宿舍本来价格就相对低廉，另一方面也是学校为了安抚"不幸"被分到桂庙宿舍的大学生们。对学生来说，桂庙宿舍条件实在不堪，而且意味着住在校外，离教学楼远。桂庙宿舍离深圳大学文科楼直线距离 1.5 公里，步行需要 20 分钟。

自深圳"禁摩限电"条例出台，深圳大学内抱怨声最大的是住在南区和桂庙的学生。深圳大学校园上下坡很陡，特别是校园西南部生活区往东北部教学区的路，全是上坡，骑自行车非常不便。更别提深圳的夏天，中午上课的路程就是人间炼狱。在深圳大学里，最舒服的交通工具是电单车，轻便、快捷、经济。要是充够电，电单车能覆盖到深圳大学周边方圆 5 公里的地方。在最高峰

桂庙叶氏宗祠，原住民大多已迁往海外，余留
巷子深处的宗祠，大学生成为这里的新来客
_穆木 摄

城中村：消失的城中村

时，深圳大学校园里有近一万辆电单车，成为市内电单车最密集的地方之一。每天上下课，宿舍区往文科楼、教学楼的路上，挤得满满当当都是电单车。当时在学生中有个说法，如果男生连电单车都没有，是追不到女生的。一到上下课时间，女生宿舍楼下都挤满了在电单车上等待的男同学。

从 2011 年深圳开始禁电单车，到深大校园内电单车彻底灭绝，中间相隔近两年。这段时间里，学生一直和校方拉锯，希望能争取到校园内骑行的权利。学校设卡拦截电单车，就有学生组队冲关，甚至静坐抗议。校方一直采取暧昧态度，只要电单车不出校门，几乎可以自由使用。每天都能见到外面的交警和协警在严抓，货车上屯着层层叠叠的被没收的电单车。

由于电单车速度快车身重，驾驶技术不熟练就很危险。深大校园里每天都要发生擦碰、撞人等大大小小的电单车交通事故。直到 2013 年，一名女学生驾电单车在桂庙和南区交界的白石路上过马路时，不幸出车祸去世，学校才下定决心彻底清查。学校与校外电单车回收商合作，在规定时间里以一定的价格收购学生电单车，过期没收查禁。短短一两周内，电单车充塞校园的景象消失了。随后不久，学校引进了校园观光巴士，在学校里不断环绕。校外环校巴士 B728 也增加了班次，改进了线路。从桂庙去往深大的公共交通逐渐完善起来，我们去上课的路才方便了许多。

深圳大学这几年建设了不少新宿舍，除了南区宿舍群还有乔森、乔相、乔梧，另外还有大学城新校区宿舍。加上桂庙拆迁的计划板上钉钉，未来城中村里住大学生的景象注定会成为历史。

大学生的"深夜食堂"

桂庙宿舍生活条件这么艰苦，学生也有机会申请搬进学校宿舍里，可是真正离开桂庙的同学却寥寥无几。住桂庙和住校的同学间，会形成一种气质差别——在桂庙看到穿背心短裤，夹着人字拖，蓬头垢面的，准是桂庙的"原住民"。桂庙宿舍的条件不怎么样，但个中美妙只有在这里住下来才能体会。虽然桂庙宿舍电力不稳定，但却从来不会到点断电断网。对晚上上网打游戏的同学来说，桂庙宿舍才是天堂。水也是免费的，不用像校内的同学一样，一边洗澡一边还要看着校卡里的余额。桂庙宿舍也没有宵禁，不论出去多晚回来，只要敲开宿管的门就可以进去，不用登记。最让人没法拒绝的，是无论凌晨几点，桂庙都有热乎乎的宵夜，这对住校的学生来说是多么奢侈。在桂庙生活几年，没几个人是不胖的。

贯穿桂庙新村的两条小马路，路边挨挨挤挤都是饭店，鸡煲、烧烤、火锅、烧味、麻辣烫、炸物……大江南北的菜系在这个城中村里都能找到。一到晚上，桂庙弥漫烧烤的烟雾，食店里满满当当都是人。班级聚餐、社团联谊、情侣约会、老同学重聚……年轻人的生命，热烈而不知疲倦，整夜整夜地抛洒在这里。有一次宵夜，隔壁一大桌大一、大二的学生在聚餐，领头的学生干部举起手中的酒杯，跟座上的干事们讲话，"以后××部就要靠大家一起努力了！这杯酒我敬大家，往后就是一家人了！"，俨然一副领导模样。直到后半夜都还能听到楼下酒后的喧闹，其间夹杂着酒瓶子砸地和呕吐的声音。

桂庙的食物大都简单又实惠，对学生来说很友好。筷意茶餐厅一份D餐，有大块鸡腿肉、煎蛋、熏肉、蔬菜和汤，只需14元。真味道客家菜，牛肉汤加一碗捞面，10块钱就能吃个饱。5块钱的沙县蒸饺、广东肠粉、煎饼果子、手抓饼或者葱油饼，好吃不贵。吃好一点的也有，西北狼烤羊排、红姐饺子馆、重庆火锅、老地方猪肚鸡，人均40块，肉能吃爽。在桂庙生活几年下来，几乎每一家店我都进去过。我曾经和友人开玩笑，从桂庙村头走到村尾，我的手机WiFi信号不会断。据我的观察，虽然桂庙人流量不小，但是桂庙的店面能开超过六年的（以我在的那些年为标准），真是屈指可数。很多店是出现一阵子，随即消失不见。

雨夜桂庙
_穆木 摄

桂庙人客户单一，主要是大学生和白领，几乎都是年轻人。烧烤摊、小吃店、火锅店、饮料店……新的店铺越来越花里胡哨，在大购物中心能瞧见的风格，在桂庙大概都能找得到。东西好吃不好吃不大重要，在店里拍照才是正经事。新店门前大排长龙，过半年就卷铺盖走人，这种现象屡见不鲜，没有人能真正说清楚为什么。

不过老店都很淡定，最不起眼的食店可能才是桂庙的王者。能在桂庙长久存活的老店，大概都有自己的经营秘诀。我同学从深大法学院毕业后，短暂工作了一段时间，便在桂庙新村开了一家煲仔饭店。我念硕士期间，就住在离他店铺几步路远的宿舍楼。每天中午和晚饭时间，不足20平方米小小的店里，坐满了人，有时他都忙得没时间和我打声招呼。四年过去，这位同学已经在另一地开了一个大分店，成为正儿八经连锁餐饮店老板。他的煲仔饭比起桂庙的其他快餐店，价格不便宜，但是贵有贵的道理：他一直选用最好的大米和肉，所有的材料都自己经手，按照古法做出来的煲仔饭味道很地道，在深大是出了名的。

深夜的桂庙也照样热闹，年轻人开始饥肠辘辘，他们都有自己的"深夜食堂"。汤面、烤生蚝、炒米粉、海鲜粥……广东人的宵夜和早茶一样丰富。最火的宵夜店，是在桂庙村口炒米粉阿姨的摊档，炒出来的米粉锅气十足。半夜想吃上一口阿姨炒米粉，得乖乖排半个小时队。原先只是走鬼档（即流动摊档）的阿姨炒米粉，凭借着超高人气，终于在桂庙正儿八经开起了店面。能在桂庙活下来，老板总有一手绝活。常去的店，老板们知道你的口味和分量，一出手就是那股熟悉的味道。再熟一点，老板可能还会搬一张凳子跟你坐一桌聊聊天，直到有新的客人进来。这种深夜食堂，跟小林薰的小店一样，抚慰着离家在外的学子的心。

我的"深夜食堂"是荒野书店，书店老板做的华夫饼和西藏甜茶，是深夜里看书的最好慰藉。荒野书店在桂庙 31 栋 2 楼，这里以前是一座工厂，具体做啥不清楚，后来业主把大厂房隔成一间间出租。据老板说，初来时只有一扇门，四四方方一个空间，他凿开了几扇窗户，用砖头砌了一个厨房，拉水电，购置书柜、家具、电器……最后刷了个天蓝色的天花板。于是这么一开始，就三年了。书店老板也没有把"赚钱"放在第一位，慵懒随性地经营着。荒野书店是桂庙的一股清流，吸引了不少文艺青年，也曾经作为深大周边的文艺地标存在着。深大这所年轻的大学，周边一直都没有一家像样的书店，直到荒野书店开起来。在荒野书店，我完成了本科和硕士论文，常常在书店里一写就是一个通宵。去得多了，老板已经放心地把书店钥匙交给我。寒冬北风凛冽，推开荒野的门，来一杯热乎乎的奶茶；或者是盛夏夜晚，让老板调一杯自由古巴。直到它关门四五年了，还有很多顾客和我一样对它念念不忘。

一个自由的夹缝

桂庙除了它的生活便利，对许多深圳大学刚毕业的学生来说，这也是一个很适合初次创业的地方。曾经的旧厂房有足够大的空间，房租低廉。对于有创业计划但是资金短缺的大学生来说，无疑是最佳起点。和偏远的旧工厂改造艺术园区不同，桂庙新村地处南山区，临近深圳大学、科技园、海岸城、深南大道，消费人群偏白领与大学生。这一点上，桂庙新村也保证了源源不断的客流量（除了寒暑假这三个月时间客流少得可怜，这段时间桂庙真的清静得像座庙）。中国许多大学校外都有一些类似城中村的商业聚落，但大多缺乏管理，呈现出一种脏乱的"城寨"风格。往往学校里整洁干净，一出校门就是"断崖式"混乱。桂庙新村是少见的能和大学形成和谐共存的城中村，街容干净，还有深大学生组织和新村合作，在街道上创作了一些涂鸦绘画。

除了我那位卖煲仔饭的法学院同学，我还认识一位管理学院的学弟，开个二手书店。他勤勤恳恳，亲力亲为，到每个宿舍楼去收拾旧书。小广告也贴得很勤快，学校里所有男公厕里都能看到他们家回收二手书的小广告。两年左右，他的小书店成为深大小有名气的二手教材书店，是学校每个新学期开始和结束的二手书中转站。桂庙新村给不少类似于荒野书店这样小众、新兴的创意产业提供过便利和生存空间。这个地方对深大学生来说是最好的创业起点，我在这里第一次遇上手冲咖啡、创意情趣用品店、VR、设计师工作室、胶卷摄影冲洗、本土潮牌……"西部创业园"是桂庙新村自己做的大学生创业基地，廉价的铺租和宽松的管理，给了大学生一个小小的创业空间。连锁潮牌"咆哮野兽"的第一家店就是在这里开始的，现在已经在深圳、上海都有分店，有很多品牌忠实支持者。

我在硕士毕业前（2015 年夏天）在"西部创业园"里开了一个书店，店名叫"野人"，就在"咆哮野兽"楼下。缘起是我们几个"荒野书店"的老顾客，想延续荒野的氛围，让桂庙有个可以看书买好书的地方。"野人书店"店址在"西部创业园"里，一个30 平方米左右的空间，前身是一个精品店，转让费我们花了 9 万余。我和伙伴东拼西凑借来钱，在众多朋友的帮忙下，跌跌撞撞开起了书店。我们主打空间和饮品，虽然艰难，但在几个月后，我们实现了微薄的盈利。

我们在荒野书店和野人书店，办了数十个讲座、演出、读书会、电影会。相比起学校和其他商圈，桂庙像是一个隐秘的飞地。在"荒野"或"野人"里的聚会，不用像在学校里要面对各种约束，也不用像在外头要付昂贵的场地费。我们邀请了许多老师、学者和作家到书店里，在这样的环境下，大家更畅所欲言。读书会以哲学、社会学、法学为主。在这个城中村里，学生反而能聚拢成型，讨论一些真正想讨论的话题。也是在这个城中村里，我们编辑了三期《野人》杂志，做了四年的公众号。在微博最火的那些年，有几个学生在荒野书店里做出了数万深大学生都会关注的大号，引来校方关注。

可是好景不长，桂庙因为不断上涨的房租和转让费，以及越来越临近的拆迁时间，这里的创业条件已经慢慢消失。以荒野书店为例，书店关门两年后，原址的房租已经涨到之前的两倍，转让费也随着转让次数不断攀升。这个创业的沃土，已经不再那么"地美价廉"了。在城中村改造的浪潮中，桂庙新村改造时间一直是个谜。从我入学（2008 年）起便有各种传言说桂庙新村要拆迁了。听学校的前辈们说，这个传言在更早的时候就有了。和浪漫的情感不同，桂庙待拆的消息对商家来说，是一个关乎成本的问题：高额的转让费并不会在拆迁时得到赔偿。关于拆迁时间，一直没有确切消息，这个问题成为在桂庙做生意的潜在风险。我亲闻，桂庙新村内最好的一个餐饮店面，转让费达 60 万，这个价格甚至可以比得上南山区一些最热门的商圈。在生意人的眼中，经营桂庙的店面像是击鼓传花——谁都想在这里赚点快钱，可是谁都不想成为那个"最后的人"。十四年过去了，桂庙依旧在。

2015 年下半年，桂庙新村改造的红线以及未来规划出台，这个消息加速了整个桂庙各个店铺的转租速度——转让费也随之不断升高。对于刚创业的大学生来说，桂庙正在慢慢失去它的包容性。对于动辄十万的转让费（而且可能随着拆迁分文无回），普通创业者再难以好的心态经营。2016 年初，野人书店因经营不善，也因为桂庙改造红线出台，我们担心转让费收不回来，于是把店面转让给另一个想做书店的人。不到一年，他也做不下去了，店面辗转变成了一个"电商学校"，听说转让费已经到了 11 万。对我来说，野人书店的关门，更像是一次真正的毕业。在桂庙开店的大半年里，得以更深刻地体会到桂庙和深大之间的联系。这一片城中村，是连接学校和社会的纽带，就如同它的地理位置一样。对深大学生来说，不论是来到这里还是离开这里，桂庙的意义也在于此。

深圳的结构就像一张由城中村作为结点的大网，城中村是许多深圳年轻人的生活区，白天出外工作，日落时从四面八方回归到这里。桂庙新村就是这样一个结点，在深圳大学、科技园、海岸城这一个三角形区域中，给年轻人一个可以生活的地方。桂庙对深大学生来说，意义更加深重。除去它的宿舍功能，它更是校园生活回忆不可抹掉的一个场景，也是很多学生进入社会的第一站。可以说，在深圳大学的校园生活有一半是在学校里，另一半就是在桂庙新村。桂庙也给学生们提供了一个相对自由的空间，容许他们在这里实践，也容许他们在这里失败。缅怀桂庙，我相信每届深大学生都会有。桂庙迟早会改造，会变迁，它不会再像过去和现在这样。对于深大的学生来说，它承载的校园生活记忆，将成为他们永远怀念的。

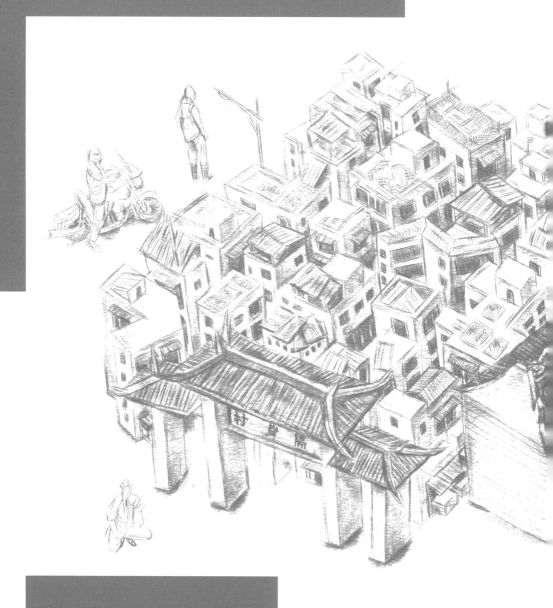

城中村：消失的城中村

甲岸村：『关外』少年生活飞地

江小船

时至今日，我从北环开车回家，行进在107国道上，总会觉得心里空荡荡的。南山与宝安之间没有了南头检查站，仿佛自己的家门被拆掉了似的，没有了那个仪式感。

2015年，在深圳经济特区管理线撤销的背景下，关内关外的概念消失了。在这之前，这条被称作"二线关"的分界线，把深圳分成了特区与非特区。

对于无数老宝安来说，那意味着过去进市内总要开过检查站那一条小道，出示边防通行证才能真正进入深圳；意味着坐公交车进市内会被例行要求出示身份证。直到现在，我听到家里的长辈把住南山区表达成"住在深圳"，都有恍若隔世之感，可见这条线带给深圳人的共同记忆是如何的难以磨灭。

在这扇家门附近，便是甲岸村的所在。

当年南山"二线"长源村附近，骑着单车张望二线关另一头菜地的男人。一些铁丝网留有隐蔽的洞口，使用者一般是当地农民
_刘耀良 摄

甲岸村,

童年的飞地所在

甲岸村立村已有 670 余年。我在它旁边生活大概超过 20 年。村口的牌匾上刻的是"隔岸村",这才是它真正的名字。

甲岸村姓氏以黄姓为主,元朝至正年间,黄姓先祖携家人从中山市迁至深圳市,中山与宝安一海之隔,此为"隔岸"的由来,意为"一水两岸,遥遥相望"。因"隔"和"甲"在粤方言读音相似,书写更为便捷,文字简化浪潮时村民逐渐误把"隔岸"写成"甲岸"。

宝安县恢复建制那年,新的宝安县位置选址范围几乎涵盖整个甲岸村域。从 1981 年开始,经过政府征地、城市化改造,到 2004 年"村改居"后,甲岸村仅剩 0.3 平方千米,变成了现在的样子。东、南连新安湖社区,西隔 107 国道,北与建安社区接壤。

上初中的我,每天上下学有一半以上的路程都在甲岸村的外围行走。工作后,一次我与自幼在蛇口长大的同事一起吃午饭,她无意中说起儿时趣事——父母恐吓她不能去宝安的理由是"去那里手机会没信号"。

儿时的我,没有明确意识到,原来自己居住的是"一市两法"明暗世界中"暗"的那一面：特区内是高楼林立的现代城市，特区外则是非城非村的大工地。

如果要描述一番过往生活的图景，那大概是这样：寂静的夜晚，略显冷清的马路边时不时开过马力十足的 20 世纪 90 年代的摩托车；游戏机厅与 Club 酒吧，兴奋剂与肉体的诱惑，吸引着年轻人的脚步；夜里醒来，面对防盗网的大窟窿发呆，怎么也想不通小偷怎样无声无息地开了这么一个洞；偶尔听来身边的谁谁又被"飞车贼"抢包抢项链，甚至为了逃跑，小偷把人在马路上拖行了几十米导致受害人身亡。

南头关像一个过滤器，挡住了没有合法证件进出特区的人员，甲岸村也就在此背景下，成了"三无"人员的落脚地。

从小在村里长大的荣先生，聊起儿时村内的商业业态，会谈到摩托车店、游戏机厅和发廊。他还专门提到一直游荡在村子附近的扒手，明目张胆尾随路人并把手塞进了人家口袋中，治安人员赶也赶不走，又不能激起矛盾，没有任何办法。心有余而力不足的治安人员，最终只能采取这样一种奇特的治"扒"手段：扒手游荡到哪里，警车便开在一旁长鸣到哪里，最终赶跑这批人。

村里的暂住人口是随着深圳经济和甲岸村经济发展逐步增加的，大多以居住、经营、务工为主。20 世纪 90 年代，甲岸村"三来一补"企业稳定在十余家，每家工厂的工人都有十几到一百多不等。截至 2015 年，甲岸村总人口在 1.57 万人，总人口中原村民仅有 479 人，非户籍外来人口 1.38 万人。

美国社会学犯罪问题探讨提出的社会解组理论认为，城中村具有

梧桐山下，两个孩子在菜
地里玩耍
＿刘耀良 摄

明显的社会解组特征和较低的集体效能。经济收入低，租住者流
动性强，居民的异质性程度高（全国不同省市的人、职业差异
等），大量弱势群体的聚集，都令城中村很难形成良好的邻里关
系和社区团结，从而成为犯罪的土壤和温床，这在尤其是类似甲
岸村这样的地方，得到了印证。另一方面，部分辍学较早而精神
世界空虚的本地青年，也凭借自身在当地的关系网络，聚拢形成
了另一派团伙。

儿时的我知道，班里那些模仿古惑仔的男孩，经常跟着社会青年们穿行在村内。甲岸村始终是一个带着"神秘色彩"的地方。因为读初中的学校就在村旁，最早接触到的"校园暴力"也带着古惑仔的风格。当时校园里偶尔会出现一个女生下课后来找另一个女生的麻烦，原因是被抢了"男朋友"，从扇巴掌，到往身上泼水丢脏东西，并不断说侮辱性的话语，而她能这么做的理由，往往是"背后有人"。被找麻烦的女生也会不甘示弱，也找人撑起一股势力，向对方实行打击报复。现在想来十几岁的小孩做这些事，无非是对成人世界的拙劣模仿，当然这样的情况很快会被繁重的学业压力和逐渐成熟的心智给消解。

对我来说，回忆那时的关外和甲岸村，就像在看贾樟柯的电影《小武》一样。即便主角是小偷，配角是舞厅歌女，即便处处都是那个年代的破败，但这又是每个城中村必经或仍在经历的一种真实。虽说再听到人们对比关内外的区别，多数人也只是一笑置之，但对"关外人"来说，也拥有了一种属于过往的暗号。

还记得千禧年的凌晨大家冲到邮局外面排队，等着 2000 年珍藏版邮票。现在的邮局已变成人迹寥寥的地方，对面的新安影剧院也不再能满足看巨幕电影的人们。熙熙攘攘的人群在变，甲岸村这片飞地也渐渐被新时代冲击。

从飞地过渡到

老宝安的心脏

0.3 平方千米的甲岸村，与其他城中村不同的是，它是一个比较规整的四方形。这意味着它并不封闭，四边犹如海绵一样，与周围的人事物融合在一起。其中的三面又好似各有一位护门神。

第一面在甲岸花园门口，是一棵古榕树，直至最近我才知道它有110多年树龄了。第二面是靠近海雅缤纷城附近的黄氏宗祠，在喧闹的商业区并不显眼，我在一个下雨天里无意中观察过它。第三面是西南门附近的牌坊，从牌坊走进去不一会儿，就会来到华光古庙，一座道教建筑，村里的华光诞等节庆活动就在此地举办。

仔细观察这张海绵的四边，就能明白它是如何满足周边人群的生活需求，还有如何被四周影响的。有花店和众多纯正日韩料理店的那一面，对面是本地的中学和高级酒店，不少外企的员工在附近工作和居住。有眼镜店、内衣店、鞋店、婚纱店、男女装的那一面，则很好地满足了所有村内外中低收入人群基本生活的方方面面。面向海雅缤纷城的那一面，每个店铺更窄小，奶茶店、各地家乡餐饮店、特色的商铺增加了购物中心里业态的丰富性。

这其中的趣味在于，它的商业业态分布是如此有规律可循，以至
于长久居住在附近的我们，可以凭直觉判断一家新开的店铺是否
会倒闭。

20 世纪 90 年代的宝安老城区，新开的麦当劳都显得奢侈和稀有，
马路正在逐渐铺上柏油，人们开始挖着最高的山头，准备建新的住
宅花园。今日回溯过去，略显荒凉的老宝安有着蓄势待发的劲头。

当时的甲岸村，收入来源大部分是厂房租金，部分村民做厂里的
中高级管理人员。村里第一次租金猛涨的契机，说来是因为当年

开设了一家大型超市，员工极尽推销之所能，向周边群众售出大量会员卡。然而开业仅仅数天，超市负责人就卷款遁去，不知所踪。后来政府出面安排了万佳超市接手。万佳的开业，令甲岸村一跃成为当时宝安租金最高的城中村，带旺整条街乃至整个老城区的商业氛围，各色商家随之相继入驻，以休闲、餐饮为主题的商圈初步形成。

2017 年，壹方城购物中心在宝安中心区开业，开业的头一个月整个购物中心就处于"被挤爆"的状态，甚至连手机信号都没有（宝安真的没有手机信号了）。此时，宝安中心的新贵楼盘，每平方米达到 6 位数以上售价的不在少数。

甲岸村附近则早在 2013 年就逐渐形成了以海雅缤纷城为中心的商圈带，车水马龙，走在人行道上有种"无法止步"的内心暗示，因为你会被街上的人群无形中"推"着往前走。

于是，这两年宝安人惊讶地发现，自己的朋友圈充斥着深圳各地（尤其是南山、福田）的人到宝安购物的场景。这在以前是何等荒唐和难以想象。

在这之前，宝安人进市内要多亏有一条 395 路的公交车线路，这条公交线有 52 个站，从文锦渡客运站到九围村总站。其中有一站便是"甲岸村"，从这一站上车，一路沿着深南大道，途经南头、深大、科技园、世界之窗、特区报社、华富路口……真可以说是一条非常实在的线路。排除每天早上也许要等三四趟才能挤上车的情况，这也为甲岸村带来了租房优势——低廉的价格，相对便利的交通。

老宝安们聊起真正让宝安融入"深圳市区"的重要转变，应该要归功于 2011 年深圳举办的第 26 届大运会。它让地铁来到了这里，距离的概念被打破重塑——几年后连沙井、福永对于我们都不再是遥远的地方，就好像拼图里最后的一块图案被置入，新的画卷也就因此完整。

现在的宝安和甲岸，那股朝前的劲头似乎还在，这让过去稀有的麦当劳、新铺的柏油马路、略显荒凉的山头、那辆总是载满了人的 395 路公交车，都被抛在了脑后，如果不是提笔写了这篇文章，我好像也忘了宝安是怎么一步步走到这里的。

今天的甲岸村，行走其中，主街道宽敞干净，甚至有了那么些"小而美"的意思。近年来宝安区大力推动环境工程，甲岸社区作为新安街道四个"村改居"社区之一，在整治上也花了大力气。

住在附近的我，这些年走进村里的机会仍不多。但我熟知怎么与它相处，知道在各种犄角旮旯里找到需要的店铺，知道家里的老人会到村里剪头发……这一块柔软的、四面敞开的海绵体，经过这些年的吸收、变化，已然过渡成为老宝安的心脏。

遇无地瓶颈,

在大时代中的追赶

_____

当俯瞰时间线探寻甲岸村的发展时,不由会发出这样的叹惋:对这个同样为深圳建设奉献了大量土地的村落而言,深圳和它所代表的经济发展大潮对甲岸村的反哺,不算十分丰厚。

横亘在南头与宝安交界,离甲岸村不远的原二线关,在物理上的意义,是看得见摸得着的检查站和铁丝网。但长此以往形成的,更多却是在资源分配、财政收入、管治理念上的无形边界。

于甲岸村人而言,虽然村子与政策红利的圈圈差之毫厘,但总归是遇上了"三天一小变,五天一大变"的新时代,与关内各区各村所做出的努力一样,甲岸村在改革开放初期也不遗余力地进行招商引资。其中,村委更是发动了宗族关系,吸引在香港、海外等地的黄氏宗亲回乡建厂,而落户甲岸村的第一家企业,就是由黄氏宗亲投资建设的。以港商为主投资兴建的"三来一补"企业,其带来的大量产业工人,便参与到了甲岸村早期商业业态构建中。

此时对于甲岸村的管理者来说,挑战同样是严峻的。

甲岸村是距离当时的宝安区政府最近的城中村之一，又地处宝安老城区的核心位置，它的社会治安情况自然格外受到关注。村委能够清楚地意识到，有序的商业发展是正路，而甲岸所容纳的大量人口所带来的潜在不稳定因素对此造成了困难，但甲岸必须在吸收人口红利、为迈向现代化蓄力的同时承担这种代价。因此村里在接纳了大量被挡在二线关外的流动人口的前提下，村委为了回应政府对于城中村稳定的要求，也算是硬着头皮将这吃力不讨好的差事一年年地干了下去：组建联防队、协助政府对出租屋进行整改、落实计划生育等等。

银湖二线关，原本银湖差点儿被划到特区之外，后考虑特区旅游事业不能没有银湖，故让二线关在此绕弯，将银湖包入
_刘耀良 摄

2013 年落成的海雅缤纷城给甲岸社区带来了又一次升级机会，作为坐落在城中村旁的大型商业体，其现代化程度已足以和市区的购物中心媲美。这种近在咫尺的休闲生活体验也开始提醒包括甲岸村民在内的宝安人：从前由二线关划下的界限，由界限而形成的关内外差距，似乎已经不那么明显了。

此时距离 2010 年深圳将宝安、龙岗两区纳入特区范围已经过去三年，距离正式拆除二线关设施还有两年。深圳已然进入关内"无地可用"的瓶颈，它将目光投向了铁丝网外还有待开发土地的宝安和龙岗。如果说改革开放的前二十年，二线关外是房地产资本暂无兴趣的范围，那么在深圳关内土地严重供不应求的形势下，各路资本的触角便自然地向二线关外的宝安等地延伸。颇为无奈的是，被"特区生活"隔离了二十余年的宝安人，还未体验成为特区人的其他便利，就被与特区同步的高房价杀了个措手不及。关内外市民心中的关内外概念被房价硬生生地冲破——毕竟大家都是房价水平相仿的地方了，哪还需要分得这么仔细呢？

当我问到甲岸村人，你们会跟其他城中村的人交流吗，通常会聊些什么时，对方笑笑说，无非都是那些话题的啦，"你们几时拆啊？""怎么赔啊？"这些。拆，是深圳城中村的核心命题之一，更是在这一代甲岸人生活话题中占据了尤为重要的地位。关内外一体的冲击余波持续在向宝安、龙岗更远一些的工业园区扩散，而甲岸村，站在南头关口不远处，直面了最强的几波冲击震荡。甲岸村人对市内各区的城中村的整体旧改、重建、彻底改头换面看在眼里，每年的大小聚会，话题也总离不开这件事。

早在 2007 年，甲岸村的领导集体就开始谋求对与甲岸旧村一路之隔的甲岸花园进行改造。此后进行的股份制企业改造中，甲岸人开始跌跌撞撞地学习投票、表决、听取报告。据亲历者回忆，刚开始到会的各村民大概不太明白这套"新玩法"，实际操作也没有按照正式的表决程序，就以热烈鼓掌这种质朴的方式来表达通过的决议，充满了对"股东"这一新身份的好奇。

从始至终，旧村整体更新的计划就更倾向以自有的股份公司为主导——这是让甲岸人更能放心的做法，村子的更新与重建至少不应掌握在面目模糊的外来房地产商手中。整个旧改方案历经多次报批，辗转修改，就截至目前的进度来看，似乎有望落实。据了解，旧改方案拟规划建设集商业、住宅、办公于一体的现代化高档小区，并规划建设集酒店、办公功能于一体的标志性建筑甲岸广场。

原二线关外地带能在整座城市现代化进程中占据怎样的高度？它们是否也具有享受深圳现代化成果的权利？拆完之后，维系同姓亲族的生活、脚下的土地和生活空间如何找回向心力？在我看来，甲岸无论是"整改""拆"抑或是"重建"，这些问题终要面对。

住在甲岸村和宝安老城区的人们，看着甲岸的未来，它正在继续朝着"花园式城市"的模样生长。与分布在深圳各区的其他各式城中村一样，甲岸在这些年里遇到的林林总总的问题，一个"拆"字解决不完。那个平衡的支点在何处，似乎还是一个需要被继续追问的问题。

城中村：消失的城中村

湖贝观察：从古村保护到公共想象

杨阡

湖贝古村南坊大门繁忙的一天。这是居民主要的出入口，也集中了潮汕移民所带来的神位，每月初一、十五或重要节日都有人祭拜，香火鼎盛

_王大勇 摄

城中村：消失的城中村

我一定到过此地，
何时，何因，却不知详。
只记得门外芳草依依，
　　阵阵甜香，
　　围绕岸边的闪光，
　　海的叹息。

往昔你曾属于我，
只不知距今已有多久。
但刚才你的飞燕穿梭，
蓦地回首，纱幕落了！
——这一切我早就见过。

莫非真有过此情此景？
时间的飞旋会不会再一次恢复我们的
　　生活与爱情，
　　超越了死，
日日夜夜再给我们一次欢欣？

开端

2016 年 7 月 2 日，深圳一些艺术家、社会研究学者与规划建筑界人士共同发起"湖贝古村 120 城市公共计划"（下称"湖贝120 计划"），并在华侨城的"有方空间"举办了"共赢的可能：湖贝古村保护与罗湖复兴设计工作坊"，邀请深圳各界专家、设计师上百人参与研讨建言。次日又邀请同济大学著名的"古城卫士"阮仪三教授参与"对话湖贝"。

"湖贝 120 计划"最初的目标有两个：首先要求湖贝更新项目要完整，在地保留湖贝南坊三纵八横古村落建筑群；其次，在更新方案中要体现原公共绿地面积的公共性。换句话说，是更新后依然保留原有开放的公共绿地面积，而非改为私人花园。

该行动伊始，我们的立场虽是立足民间，但意愿是与更新规划方进行建设性合作，比如"湖贝 120 计划"举办的第一次工作坊，题目就是"共赢的可能"。遗憾的是，在 2017 年罗湖区城市更新局公示的更新方案中，旧村保护的面积只有 10,350 平方米，远远小于我们建议的面积。

湖贝古村的完整保留，可以被理解为政府不被大资本绑架，在城

城中村：消失的城中村

市发展和社区复兴的角度兼顾到社会与民间的利益与诉求，在城市演化中扮演好一个公正的、代表公共利益进行裁判的角色。考虑到湖贝更新实际的面积和规模，以及涉及的居民人数，这也许是用最小代价博得社会最大赞誉度与认同的机会。

从创造了"公共想象"的角度思考湖贝事件，我观察到从官方立场向民间立场三个转向的开始（后文有详述）。而湖贝事件适时出现，也证实如此。

第一个改变是历史观的改变——

过去对深圳历史定位的官方叙事是：深圳从一个边陲小镇一夜变身成为国际大都市。这个叙事假定了两个前提：深圳没有自己的历史；深圳作为一个现代中国的空间，其象征就是国际化这条路。

但这两个前提正被越来越多的事实证明其不妥。在城中村的更新上，深圳缺少历史的预设。

第二个改变是新的知识共同体正在形成——

曾经在城市规划和更新领域，被高度专业化的技术壁垒保护的局面已不复存在。政府和地产商之外，建筑与规划专业人士的独立性和批判精神正在成长。而在与学者和艺术家们合作的过程中，这种批评和质疑的氛围迅速扩大到专业领域之外，成为公共领域的话语权争夺。

第三个改变是对城市发展的舆论场重心转向——

在湖贝的另一个现场，民间自发组织的在华侨城的"有方空间"举办了"共赢的可能：湖贝古村保护与罗湖复兴设计工作坊"，邀请了深圳各界专家设计师共上百人参与研讨建言

_朱锐 摄

城中村：消失的城中村

"旁观者正义"的视野正经历从"空间—经济发展"向"空间—社会正义"转变：这一点尤其表现在媒体，特别是自媒体态度的转变上。空间的想象越来越被聚焦在——改变究竟对谁有利？改变的代价谁来承担？谁在推动这个改变？目标与动机是什么？最后，这样的改变是合理的吗？

这三个价值立场的转向将在一个很长的时间段内，影响到深圳的社会发展方向。在这个意义上说，"湖贝120计划"既是一个鲜活的例子，也在实践中提供了自己独特的贡献，提出了独特的问题，甚至暗示了重大的危机与其解决的方向。

尘封的历史故事

深圳最早研究沿海客家族群的两位学者，是从北京大学来到深圳大学任教的刘丽川和张卫东教授。在他们开始撰写研究专著的时候，发现根本找不到一张 100 年前客家女性的老照片。尽管他们翻遍了国家与地方大大小小的档案馆和图书馆，但就是找不到让他们满意的资料。此时，万里之外的瑞士巴塞尔基督教会的档案馆里，却正静静地躺着一万多张广东客家村落和社会的老照片，它们持续封存在岁月中。

2012 年夏天，从深圳大浪街道出发的两个文化学者，王艳霞和唐冬梅，为了弄清在浪口村里一座淹没在荒草中、已经快要塌毁的建筑——虔贞女校的来历，推开了巴塞尔教会先锋 47 档案馆的大门。她们惊讶地发现，这里不光有客家女性的照片，而且有从 1860 年开始直到 1949 年，从广东的深圳到河源及梅州广大的客家地区的详尽和系统的社会记录。

巴塞尔教会在从晚清、民国到中华人民共和国建立这段时间内，共向广东客家地区派出了近 200 名传教士，他们建教堂、办学校、开医院。像虔贞女校这样最多时可以招收 200 名学生的山村小学，在当时有 174 所。而正因为他们必须每个月向教会写报告，故所在地的社会情况被完整而系统地记录并妥善地保留下米。从这些资料中我们突然发现了另一个深圳，深圳当时的中小学义务教育是西方式的，不仅在城镇，连乡村的女性都可以接受现代教育。

在布吉镇的李朗有当时华南最大也是一流的大学——李朗神学院。在深圳的教会学校里，不光男孩子，女孩子也在踢现代的足球等等。这些充满细节的近代客家人社会形态，清清楚楚地记录在一张张发黄但依然清晰的老照片上。先锋 47 档案馆的馆长对王艳霞和唐冬梅说，它们等了一百年，终于等来了中国人。

与此同时，美国 NBC 电视台的执行副总裁葆拉·威廉姆斯·麦迪逊（Paula Williams Madison）在报道完北京奥运会之后，再率领她的团队来到中国，这一次不是去北京，而是来到深圳边缘的龙岗区，一个客家围屋——鹤湖新居，来拍摄一个从深圳到中美洲的牙买加、再到美国、最后回到中国的客家后裔寻亲拜祖的故事。这个故事的主人公就是她本人，一个享誉美国的非洲裔社会活动家。

在《寻找罗定朝》这部纪录片的首映式上，葆拉对我说，她的故事源于她的祖父和祖母相遇的那一刻。虽然从来没见过祖父，但是她感激他。她一直想，把从非洲祖母到中国祖父、直到她自己的这幅生命地图上所有的空白填满，她曾经认为这是不可能的事。她说："把历史的空白补上，直到今天，它完成了。这个世界，如我所知，是神圣之地，也是奇迹之地。"

我看着影片中跪在祖宗牌位前、俯身而拜的一群黑皮肤客家后裔，不禁感叹，深圳还有多少尘封的故事有待揭开？

湖贝俯瞰，蓝色铁皮是本地村民和外来租客为
应对破败传统民居的临时措施，成了这片洼地
的外在景观
_王大勇 摄

除了学者和海外的有识之士，深圳的媒体人正自觉地承担着挖掘
这些历史故事和拼合这些历史碎片的责任。深圳商报的蒋荣耀先
生不仅在官媒的报纸上持续关注并深入报道湖贝事件，在近期也
以个人身份关注了像坪山客家围屋的垮塌问题。他在自媒体"西
葫芦"的微信公众号上，发表了大量深圳近代历史资料，比如在
上面，你能找到中国植树节的发明人是一个叫"凌道扬"的李朗
客家人，他在 1910 年从哈佛获得林学硕士后回国，1915 年他上
书北洋政府提议把每一年的清明定为植树节。而当时的总统袁世
凯也准了，到孙中山于 1925 年 3 月 12 日逝世，政府才把植树节

改为"3·12"。照此说来，我们怎么能说深圳没有文化积淀，对中国现代化的贡献又仅仅是从 1978 年的改革开放开始呢？

直到 2016 年 2 月，深圳市政府成立自然村落普查保护机构，正式启动"深圳市自然村落历史人文调查"，这是个来得虽晚却值得欢迎的计划。截至 2017 年 5 月止，各区上报的自然村落有 1024 个。而在登记的村落中就有 24 个被纳入了更新计划，已拆迁或正在拆迁。

深圳市本土文化艺术研究会会长廖虹雷先生公开质疑普查中提出的"自然村"概念，因为在深圳市的版图内，真正保留了原始物质形态的自然村在他看来已经寥寥无几，而统计中的自然村有些只是一个名称而已。他本人亲自走访统计的数据是："在深圳市建立后，自然村在 20 年间消失了 1000 个，平均 10 年消失 500 个，一年消失 50 个，每月消失 4 个古村落。现在普查上报的 1024 个实际上是社区，名'村'实亡。"

唯一的湖贝：

如何思考历史的正义

————————————————

有一位 13 岁的小姑娘跟他爸爸来参观湖贝古村，回到家她问了爸爸一个简单的问题：用第二个甚至第三个繁华的万象城能够替代唯一的一个湖贝古村吗？

在这个问题以及答案中，你可以明显体会出两种不同的历史思维区别在哪里——

小姑娘问的是：失去湖贝意味着将失去什么？而不是：获得万象城会获得什么？在她看来这中间存在等式关系是可疑的。而那些具有"地产商思维"的人，他们相信这只是拆迁成本和未来的城市地价估算的平衡问题。

在她身上，我甚至看到了像卡尔·波兰尼（Karl Polanyi）一般深邃的智慧。卡尔在 20 世纪 40 年代写成的《大转型：我们时代的政治和经济起源》这本书里最核心的问题就是问：如果我们注定要关注经济的发展和财富的增加，那到底是为了什么？我们心目中富裕和安全的理想社会又是什么样的？有没有比经济关系和等价交换原则更为基本的人类价值和人与人之间的联系方式？如果它们被市场自由主义消灭，我们会在什么样的状态下生存？最重要的问题是，靠"市场经济"真能解决人类的危机吗？在今天，我们也到了要回答这个问题的时候了。

空间象征性：

从个人回忆到集体想象的游戏

在文章的开始，我引用的是但丁·加百利·罗塞蒂（Dante Gabriel Rossetti）的诗作《顿悟》，用它作为开头有两个目的：首先，这首诗清晰地表达了具体的空间对于人类情感记忆的唤起具有无可怀疑的价值；其次，它同时也提出一个问题，私人的想象如何能够成为公共性的认同？在这两个方面，文学想象都对我们当下谈论的有关湖贝之争具有启发性。

《顿悟》这首诗使用空间符号的方式可以带给读者极有冲击力的感受，它不再让空间外在于我们，相反让空间属于我们和让我们属于空间。

类似的例子在中国文学史上比比皆是，只要是有相同追求和梦想的人曾经在同一个空间出现，就会让我们联想到这个地点对自己的重要性。这时我们会说这个空间的精神象征性已经变成了他的人生路标。中国的咏物诗源远流长，对空间意象文化象征性的创造和使用几乎成为我们中国人的第二天性。比如我们一说"长亭"，马上产生送别的离愁；一说"蜀道"，立即联想到人生之畏途。在这个时刻我们就会说，"长亭"和"蜀道"，这两个词经由个人的文学想象进入了公共阅读，最终变成了中国人或者华语圈的"公共想象"。人是存在的动物，我们不只是靠阅读来体现存在感，更是需要体验的。

其实有人很早就注意到，湖贝古村五百年前第一批移民的生命，依然飞旋在今天从全国各地来打工的新移民身上，并就城市更新中如何保护湖贝古村提出非常详细的建议。廖虹雷先生就曾在 2012 年上书给当时的罗湖区委书记，建议不要拆掉湖贝古村，而是整体保留现在的建筑与生活格局；他呼吁把东门步行街延伸至湖贝古村，注入民俗文化，再现岭南风情，吸引海内外游客。为此，他想象了一个根据广东传统设计的东门商业步行街的"开墟"仪式。"让步行街商铺的各行业领军人物，轮流在每月农历初一、十五两日的早上十时，敲响东门古钟，固定'开墟'仪式。钟声响过，纸炮齐发，鼓乐齐鸣，舞龙、舞狮、舞麒麟、舞鱼灯齐动，然后分头进各街巷舞一圈。一年做'开墟'表演 12 或 24 次，坚持下去，相信商圈定能提升文化含量，游人定能记住这座独特的岭南老镇。"他描述的分明像是岭南的嘉年华。

在这幅想象的图景中，他心目中的湖贝古村完全不是脏乱差的棚户区，而是充满生机，尤其是让草根阶层看到生存机遇的街道生活区。廖虹雷出生在深圳宝安县，太太就是东门人，20 世纪八九十年代他本人做过罗湖区委宣传部副部长。他和太太在东门附近生活了近 20 年。退休后他有诸多关于深圳民间风俗的专著，所以他的建议并非无厘头的想象，而是有着扎实的民族志式的田野调查支撑。

在 2016 年"湖贝 120 计划"发起的这场行动中，我们看到了另一位和廖虹雷先生持相同观点的人，他就是大名鼎鼎的阮仪三先生。在七月流火的天气里，他把湖贝村里里外外看了个够，然后发表了自己的见解："湖贝村重要的价值在于它留存了我们历史的记忆。在这么一个现代化的城市中居然保留着那么完整的、生动的、留着浓郁民居风味的古村落，日常生活中流淌着优秀的文化传统。湖贝村有意思，就是因为这种形态被难得地保留了下来。它把传统的形式和人们的风俗习惯、民间文化和人们的信仰

适逢潮汕房客的传统节日，全天有持续的香火，有些房客已经在湖贝生活工作超过了三十年
_王大勇 摄

这块墙上的文字，据说是移民到香港的湖贝后人（一说是香港独立艺术家），知道湖贝即将拆迁后所作的，成了湖贝居民和往来探访者心里的印记
王大勇 摄

连在一起了。湖贝村是深圳的缩影，这个缩影可以给后辈留下乡愁的重要依据。"

今天再回顾湖贝之争，让我感到吃惊的是，这区区不到 2 万平方米的古村落建筑群怎么会唤起这么多人的关注！包括吴良镛先生在内一共有 6 位院士给省、市有关方面写信。而在"湖贝 120 计划"举办的工作坊上，有数十位来自国内外的规划师和设计师拿起笔来，为保留古村和公共绿地以及平衡发展商的商业利益献计献策。

我在起草《湖贝呼唤共识：拯救我们的历史记忆》时一直在考虑：如何定位湖贝古村的价值？我们挪用了两个社会学的概念：一是它存留了岭南地区传统村落的社会结构与社区肌理，二是以独特和活跃的社会生态系统丰富了城市多样性。我们没有把重点放在建筑的历史价值上，而是聚焦在这个空间聚落的社会功能上。这样的重心转换让我们可以把公共性问题从物转向人，我们不再争论每一座建筑物，在工艺上和材料上具有何种独特的代表性，而是强调这个人类聚落在 500 年来作出的社会贡献，尤其是在深圳移民历史中的贡献。因此，湖贝是"我们城市共同的历史记忆，共同的物质证据，共同的精神家园，共同的社会资源"，我们要求把湖贝古村作为"唯一的，不可替代的历史空间资源与文化资产"对待。

这个被称为"湖贝共识"的文件，以及经过整理后的工作坊的方案与专业意见反馈被刊印成厚达 200 页的册子，以《湖贝古村120 城市公共计划意见书》的形式送交了罗湖区政府、市规土委、市人大常委会信访办。这份意见书是这次行动最重要的纲领性文件，在其中凝结了从建筑师、规划师到艺术家、学者乃至普通市民的心愿和汗水。

复杂事物的仲裁人

作为一个编剧和作家，我经常会思考我们创作的作品如何被理解的问题，这个时候我们就会下意识地想到有一类观众或者读者，他们完全具备基本的文学艺术知识，以及对世界的洞察力，他们不仅能够读懂作者的意图，甚至可以发掘出作者自己在作品中不曾想过或没有意识到的问题。我们称这样一类读者和观众为"理想的读者／观众"。

在湖贝事件的过程中，我们有幸遇到这样一批人。他们之重要远远超越了文学读者和戏剧观众的作用，因为他们不仅是事件的观察者也是事件的参与者，尤为重要的是他们还是事件的"公共仲裁人"，因为他们代表了"旁观者正义"。无论是文学还是新闻作品，希望打动的恰好是这个意义上的读者群。这个群体不必是阶级的和党派的，而可以甚至应该是基于常识的和良知的。

在前面的叙述中，尽管我提出"湖贝事件"是一次社会参与的行动，但究其实质，依然是在寻求理性对话与合作共识的基础上希望获得最好的社会效果，这里与对立方对话和沟通是解决问题的第一个关键节点，与"旁观者""第三种人"交流与呼应是获得社会的理性裁判和公正自我理解的第二个关键节点。

搬空后的湖贝菜市场，曾经集中了来自汕尾的小食，比如在深圳其他地方较少见的菜茶、菜粿、猪蹄圈等

_图片摄于 2018 年 6 月

_汤鸣 摄

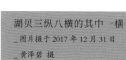

湖贝三纵八横的其中一横

_图片摄于 2017 年 12 月 31 日

_黄泽碧 摄

湖贝事件自始至终都有来自全国媒体的关注报道。今天我们再翻开这些报道，其实会发现它们已经有了历史档案的价值。通过对比，读者在事件开始的时候了解了双方对事实的不同理解，对观点的不同强调。其实可以说，在"湖贝120计划"出台之前，不同的立场和观点就已经在酝酿和交锋。

2016年5月20日，《南方都市报》以《投资300亿，湖贝有望成为罗湖新地标——华润置地力争年内启动湖贝旧改项目首期物业清拆及开发工作》为题，用一个整版报道了即将启动的湖贝更新。我们会看到在这篇文章中的一些关键词汇，像"新地标""新都市中心""国际消费中心的引擎"，都是用来为更新的合理性辩护。在想强调清拆和改变旧湖贝地貌的必要性时，再次用污名化的手段，强调湖贝的脏乱差、安全隐患和死亡事故威胁。而在另外的媒体上，比如2016年6月23日的《深圳商报》就以《300亿改造湖贝古村，引发深圳的拯救行动》为题，报道了民间的不同声音，在报道里我们听见的则是"深圳墟，湖贝的张氏一族所建""零距离的深圳历史地标""对抗千城一面"等观点。

在有关湖贝的讨论上，媒体所营造的氛围是热闹的，观点的交锋也很激烈。据我所做的统计，在2016年7月至12月，本地和国内其他的媒体上总共有54篇报道，上至中央电视台，下至"腾讯地产"平台都有大篇幅和连续的关注。

从这个角度看，"湖贝120计划"提出的观点、理据和思想被舆论所关注，远大于对实际决策的影响，"湖贝120计划"对知识界和社会的意义远大于对官方决策和公共政策的影响。

2016 年 8 月 11 日的《三联生活周刊》上发表了一篇署名"丘廉"，标题为《深圳湖贝村："城中村"的另一种选择》的文章，作者采访了湖贝事件中牵涉到的各方的代表，包括：老房子的业主原村民，"湖贝 120 计划的"发起人，都市实践的著名建筑师、"对话湖贝"主讲嘉宾阮仪三教授，出生在湖贝但已住在其他地方独立创业的"湖贝二代"，现在湖贝村的租户，潮汕籍的鱼贩，以及从 MIT（麻省理工学院）过来专门研究深圳城中村的研究生。她没有用理论，而是用谈话和故事告诉我们，每一个人牵挂湖贝的理由都是不同的：有的是因为自己的根，有的是因为现实的生意机会，有的是因为孩子上学，有的是因为看到深圳的建筑与文化多元性与底层的活力，有的干脆就是因为痛恨过快的生活变化。

最后，作者得出的结论是：要把湖贝放在深圳"城中村"的整体命运中来看。正如她文章的标题所暗示的那样，城中村有没有"另一种选择"，这是湖贝危机解决的关键。在文章的结尾，她把目光投向另一个没有 500 年历史，但却是特区内最大的城中村的白石洲。

她看到白石洲已经不同于传统的"城中村"，而是在快速的城市化过程中成为一片"城中城"，有不少白领都居住在那里，甚至还有美国人开的自酿啤酒坊、意大利人开的电子音乐酒吧，俨然是一片国际化的区域。那里业态多元、充满活力、日夜不息，以其独特的社会生态丰富了城市的多样性。无论政府还是村中的股份公司，加大投入对村里的硬件进行改善、业态进行升级都是十分可行的第三条道路。——"只要保留下来，活化就有多种可能。前提就是保留。"——这是作者最后的一句话。在我看来这句话里表达的不仅是一种期待，也是媒体人对城市发展独立的认知。

他们不再单纯从经济增速的角度考虑问题。城市空间生产和分配的多元可能性，已经开始进入他们的想象和判断视野。在这里，"前提就是保留"表现了一种成熟而全面的裁判，是一种健全的公共推理和对复杂事物审慎而充满尊重的表达。

我们幸运地看到，有越来越多的人开始关注与探讨城市空间生产和更新的模式。

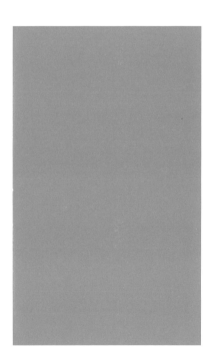

在"运气的剃刀边缘"生活

─────────────────────────

"一个远游异乡的人可以观察到,正是认同感和亲近感使人类联系在一起。"亚里士多德(Aristotle)在《尼各马可伦理学》中这样说,原因正如在古希腊著名的悲剧《安提戈涅》中,剧作家索福克罗斯(Sophokles)描述的那样,人类在"运气的剃刀边缘"生活。这部著名的古希腊悲剧表现了人类会处于不可调和的矛盾中,人类命运的诡谲和荒诞常常表现为没有一种终极真理的裁定,我们必须看到真理与道德互相冲突和对立有时是不可避免。

用功利主义的原则,以趋利避害来平衡自己的内心,这常常不能解决问题,因此我们可能需要培育一种人格的力量,不是以成功的概率去行动而是以爱和荣誉的激情去践行。参与"湖贝120计划"给我本人带来了内心满足,我也获得了一种超越利益考量的实践理性的知识,换句话说,是对"怎样做好城市公民"的内在触动。

在湖贝之争发生之前不久,也就是在2015年12月,我们胖鸟剧团在沙井国际金蚝节上演出了一部和法国艺术家合作的环境戏剧作品《香槟与蚝的浪漫史》。演出的地点在沙井步涌村江氏大宗祠,这个家族一直是当地养蚝的世家。沙井的蚝也许是人工养蚝的开始，有记录最早是在南宋。但是现在这个延续了一千多年的产业，在当地已经是明日黄花了。我们的戏通过和法国香槟的命运对比，表现了沙井蚝消失的无奈而又痛苦的经过。

我是这出戏的作者，我想通过这出戏问观众也问自己一个问题：这个消失的产业，对我们有什么意义呢？通过香槟，观众们有所领悟，法国人对于拥有香槟的重视，就像他们拥有《马赛曲》一样，那是他们共同的财富，而不光是香槟省的酒庄老板的香槟。深圳的主流意识一直强调自己有什么、自己是什么的逻辑：你有一个别墅，你就是土豪，你有一个公寓，你就是成功的白领。但我们共同拥有的是什么呢？在那个戏里我试图回答这个问题：那些已经失去、正在失去和不断失去的东西是我们共同拥有的。在我看来，让我们共同拥有属于所有深圳人的、不曾消失的东西，仿佛是不可能实现的乡愁。

但是，2016 年 7 月 2 日，我看到了深圳人可以改变这样的宿命。这不再是传说，因为我在一天的时间里，结识到的新朋友，比我之前在深圳 20 年里认识的朋友加起来还多。这些朋友因为不想让一个古村消失而走到了一起，那一天注定是我人生中大喜大乐的一天。

我一再说湖贝的公共性。而公共性说到底，不是光靠书斋里学术报告的厚度垒起来的。我非常欣喜地看到，有越来越多的人，无论是学者、设计师、规划师、艺术家、官员、记者和普普通通的市民，他们走出自己的小圈子和小世界，走到一起，为了一个社会目标呐喊、呼吁、研究、表达以及传播。我看到了这么多深圳人在自觉用理性与负责的行动，去强调一个需要被重视的社会规范，这是一个社会创新实践。相应地，我更希望能有制度创新的实践来落实。而所有这一切归根结底是为了一个"共同体"——深圳人。我们每一个参与行动的志愿者心中始终认同并忠诚的竟是一个想象中的意象，这件事想起来竟是这么的不可思议！但是这样的关切又是这么的现实和具体，可触可感，同声共气。因为我们把自己的希望建立在——这个城市可以更美，在高耸的天际线、绿肺和城中村和谐融合的城市景观上；可以更公平，在暴发户、白领、打工者共存的社群中；可以更自由，在各种意见和创意平等交流中；可以更人性，不光有成功者的训练营，也有多元文化酒吧和临终关怀医院的理念里。

深圳的移民历史使得我们的共同性是可以超越自己原来的优势与劣势，在一个新的身份的期待中形成社会团结的基础——这是我们这个城市最大的、也是可持续的社会资源，我们可以拥有它并值得为这个希望付出爱心和努力，为每一个陌生的，但和你我一样的另一个市民服务，在我看来这是一个公民的人生价值，也是一种德行。

贰

城中村：消失的城中村

単反、打招呼和闲聊

文—邓世杰／摄影—Fish

庆幸关于城中村的摄影作品是以量级的形式在各类媒体上呈现，这片"湿地"的生态和人文如此丰富，引得摄影师们竞相前去"挖矿"，不断在视觉上重新组合出城中村的样子，让多元的价值得以讨论和传播。

在城中村好不容易摆脱"脏乱差"的刻板印象之后，我们又应该从视觉上呈现怎样的城中村呢？航拍的密集的"石屎森林"、握手楼逼仄的天际，还是在阴暗楼道中学习的儿童？摄影术在这里太容易获取奇观景致了，有时候让"人"也成为"景"。图片海量又海量，看得多，始终觉得隔了一层，就像远方的镜像，跟自己没什么关系，而城中村明明就在我家楼下过两条街道。

Fish 的作品是特别的，这不是因为她本来就住在城中村，而是她让"在城中村的摄影"成为"日常"。

"日常"这个词很难解释，就像我们讨论上一秒的时候，上一秒已经离我们远去。以"日常"比之于逻辑世界的数据、价值、宇宙，或以生物的多态喻为"人间"的判断，都有些对不上号。

对了！可能就是"人间"的意思吧。如果要呈现"后城中村"时代的视觉，Fish 的作品正是在这里打开了一个缝隙。我们可以在她自己写的一段话里，读到她如何开始拍照的"人间"奇遇：

《单反、打招呼和闲聊》节选：

如果把我在深圳的世界比作一张地图的话，那会儿在我的地图里就只有：购物公园的 Lacasa，新洲租住的握手楼。但是从那天半夜十二点我下班后打摩的回到新洲开始，没有一丝丝防备，世界却从此大不同。

当时我是这样子的：脖子上挂着借来的单反，人在新洲北村一街上走着，脚步不自觉地比平时慢了个两三拍，头歪着，两眼打量眼前的一切。当我开始借着单反去看北村一街的时候，有点像爱丽丝掉进了兔子洞，像是世界旋转到了另一边：看上去才一岁多的一个小丫头像个小大人一样的，一本正经地坐在自家夜宵铺的小板凳上，手握着勺子，利落又霸气地自个儿喂自个儿吃饭；在缝纫机上低着头忙着穿针引线的裁缝阿姨，完全沉浸在自己的世界里，而她的那一块小天地仿佛遗世独立，却又和周围的世界浑然天成；北村一街和二街交叉口，一位身穿西装的阿叔，一手拿着锅铲一手自如地甩着推车煤气灶上的炒锅，俨然一位大厨模样。后来听他自己自豪地说，"我这可是练过的"，据说他干了二十多年的厨师，中餐西餐融会贯通，晚上趁下班时间来赚点外快，看他把西餐的各种食材说得头头是道的分上，我信了；水果店在白炽灯和各色水果的交互作用下散发出一种梦幻的光彩；四个摩的师傅坐在自个儿的摩托车上，回望着他们的背影，我居然有一丝丝感动，他们看上去像极了这片地区的守护者……在夜的庇护下，零点左右的北村一街，安静却不沉寂，有声响却不喧嚣：人、街道和城市，第一次让我有了小小惊艳的感觉，原来城市还可以是这样的；这种感觉里夹杂着一份小确幸，城市终于不再是狭隘和千篇一面的了。

就这样，每天上下班都会经过的北村一街好像第一次在我眼前活了起来，它的样貌渐渐在我脑海变得清晰可见。这么说有点奇怪，我又不瞎，那条街我走了大半年，但是之前的那大半年，这条街在我的地图里是只有名字没有轮廓的，不得不说：人光有眼睛是不够的，就算看得见，你也有可能是个瞎子。于是我像发现了新大陆一样，开始时不时地挂着单反相机，溜达进大街小巷；并以新洲为起点，从一条小巷、街道延伸到另一条小巷、街道，逐渐从一个城中村到另一个城中村。我在这座城市的地图开始有了变化，不仅仅是在变大，也逐渐有了内容。镜头下的世界彻底打破了我对城市的想象：人、空间和城市，构建了一种充满人情味和生命力的有机组合——城中村。这让我开始好奇：城市真实的样貌是什么样的，人们在城市里是如何生活的。

Fish 掉进了兔子洞，看到的是人间。从 2015 年开始，她不停地拍摄她所看到的城中村。在她表达自己的过程中，一次次遇到被拍摄的阿姨、大厨、小贩、小孩、家长们对她的生疑、羞涩、微笑、打招呼和闲聊，等到一张张图片转变为电脑里的数据比特，会在 Fish 心中形成巨大的返照。她也因此频繁参与城市公共议题的活动和讨论，以解开自己的疑虑，并希望自己的照片可以为被拍摄的真实的伙伴们发出声音，这已从追求作品表达踏入社会实践了。

Fish 最后常常与被拍摄者成为朋友，说实话，在关于城中村的人物肖像里，我从没看过那么多不设防的微笑，只有她可以做到。某位在她带领下探访白石洲的记者说，"哇，她简直是'村长'，从沙河街一直走，她不断地跟那里的人打招呼"。可惜因肖像权的原因，我们未能呈现这部分的作品，退而求近景、中景，假以刻板纲目的分类，刊出 Fish 作品的局部。

规划师吴文嫒曾发起一场关于"日常世界丰富性的价值何在"的网络讨论，她说："最令我震动的留言是：'日常世界的一致性的价值是什么？'我相信善良的提问者是想提醒我们关注所有事物的正反两个方面，但是将一致性放在丰富性的反面，无疑意味着强制，如果前面还有'日常世界'的前缀，那就是'恐怖主义'了……"

此时一个问题会生发得如此自然：谁有权力来否定这种日常生活的正当性，对这一群人的日常生活进行切割？Fish 的回答是：直视他们，我们并没有什么不同。

城中村：消失的城中村

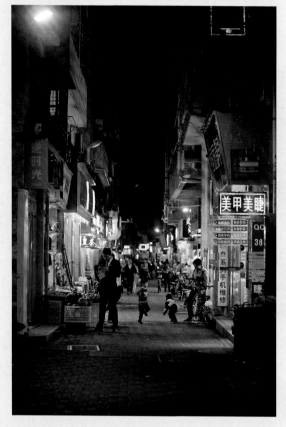

城中村：消失的城中村

城中村：消失的城中村

城中村：消失的城中村

城中村：消失的城中村

叁

城中村：消失的城中村

城中村美食，一种都市传说

余帅虎

制造美食

_____

阿炮终于还是来了深圳，乘着潮汕牛肉火锅的风潮。

在吃上，深圳绝对是个无根的城市，如移民一样，总是随着大潮走。小龙虾、蒸汽海鲜、牛肉火锅、潮汕卤鹅、酸菜鱼……几乎时兴什么，深圳就遍地开花什么，而且没有偏好，辣的、酸的、清淡的、油腻的……在这里都可以被融会贯通。如果"舌尖上的中国"来到深圳，绝对找不到一种被称之为"地道""经过历史演化而成"的本土味道。

所以来自汕头峡山的阿炮牛肉火锅，在牛肉火锅最受瞩目的时候，落脚在了福田沙嘴村。在峡山，阿炮牛肉火锅算是当地王冠上的一颗明珠，直到凌晨也是人流不绝，灯火通明，蒸汽弥漫。阿炮牛肉多选用黄牛肉，肉质新鲜、刀工精细（多是厚切），在矿泉水汤底涮煮几秒，香气就四溢，蘸上沙茶酱，入口鲜嫩弹牙。美味，就是阿炮的"生招牌"。

阿炮想在深圳复刻同样的辉煌。而在峡山是他常客的我，也觉得，海记开一家火一家，每家都排长队，以阿炮牛肉不相上下的品质，大概也会门庭若市吧。

城中村：消失的城中村

潮汕的牛肉火锅，讲究肉好盘不一定好，精髓在纯粹的沙茶酱和一碟葱花酱油

_余帅虎 摄

在阿炮开业后，我和一个朋友也刷新了深圳牛肉火锅排行榜，经常在某个下午兴起就相约而去。朋友与伙计相熟，只要打一声招呼，不需要点菜，伙计自己就会做主安排当天最鲜美的牛肉上桌。在一头牛身上，也是讲"阶级性"的，顶级的部位莫过于雪花，是牛的肩胛肉，脂肪如雪花般分布，肥嫩相间，做好后油脂的香气在入口瞬间即迸发出来；次之，就是五花趾和三花趾，取自牛的腿肌腱，因为有粗筋分布，所以最考验刀工，好的刀工切出来纹理分明，口感也最为酥脆弹牙。

好吃归好吃，现实却不如人意。从开业的火热，到逐渐冷清，连吃火锅的旺季冬天，吃客都屈指可数，我们见证着阿炮的起起落落。每次去到阿炮，饭桌的话题都离不开——为什么阿炮火不起来？大家分析过很多原因，第一就是地理位置欠佳，沙嘴附近没地铁线路经过，村里也没有足够的停车位；二是营销做得不够娴熟，没有包装好品牌，没成为话题点；三是口味过于清淡，不是很能适应深圳大多数人嗜辣的偏好。

但回过头仔细分析，如果阿炮牛肉真这么好吃，这些理由其实都不成立，因为有太多例子也可以反证，无地铁、无营销、口味清淡的餐馆，一样有火起来的。就像某些城中村里的"苍蝇馆子店"，深居陋室、环境简陋，却总吸引一波又一波"打卡网红"。而令人奇怪的是，这些美食仿佛总是不可复制，只此一家，别无分店，只靠口碑人人相传，只留待最有"探索精神"的人跟着地图去"寻宝"。

为何阿炮就没有这样的口碑呢？直到一次，我和另一批朋友去阿炮，才发现一个关键的问题所在。那次相熟的伙计不在，我们就是作为"散客"来吃牛肉的，按部就班地点菜上菜。几盘鲜红的牛肉摆开，我们正准备与往常一样大快朵颐，却发现这次怎么吃都觉得肉质平平，没有了往日惊艳的味道。

原来，散客是吃不到最优质的牛肉的，牛肉的"阶级性"，不仅体现在不同部位的牛肉价格本身，还体现在，你能吃到多新鲜的牛肉，取决于你和店家多熟——用我朋友的话来讲，这叫"看人下肉"。从商业的角度来说，阿炮牛肉想做的是一种"街坊式"的生意，在稳定的社区内，优先做熟人的生意，和它在老家峡山一样"粗犷"，把稀缺的优质牛肉以"差序格局"进行分配。

阿炮的失意，如果对比另一家连锁的深圳"网红店"海记，就可以发现两者最大的差异不在于味道及品质，而在于一套做生意的逻辑：海记代表的是无差别化、流水线式的美食工业，就如同麦当劳一样，无论身在哪一家（海记现在全国各地都有分店），你所能吃到的都是一样的品质，得到一样的服务（五花趾每人限点两盘）。而多数"网红店"，现在都是集团化经营——曾有餐饮老板告诉我，他从清远一家鹅煲老店学来秘方，准备像海记那样，"扩大宣传，做好整个供应链，将清远传统美食打造成连锁网红店"——背后靠的就是一个饮食集团的包装能力。这位老板除了鹅煲，还要做日本某个卡通人物的主题餐馆，"发大来做"，在各大商场铺店。而阿炮，更像是农耕时代的刀耕火种，未抓住"商业的本质"。

在互联网时代，掌握了渠道，等于掌握了味蕾。曾经风靡一时、号称从汕头澄海来到深圳的"日日香"鹅肉店更换新名后，依旧火爆。但背后存在的老店创始人与餐饮集团的商标之争，却让大家疑惑：凭着老字号的招牌打开市场后，到底谁才能代表日日香原有的味道？是身处深圳遍地开花的新店？还是坚守在澄海一街的日日香？——但这大概已不重要。食物本身，是一盘大生意下最末端的环节，在此之前，有太多东西可以介入、影响、改变，成就一个又一个美食神话。在一家连锁店里，和制作一道食物一样，"制造美食"也像是一条流水线，在每一个环节都开动着机器，沿着最正确的方式进行着。

跳脱开具体地点、具体创始人的连锁美食固然不差，但却少了原有的传说性和烟火味——新店名就更像一个"网红"的名字，而不是一家有故事的老店。令人食指大动的美食，总是要加上一个好听的故事——看看，多少美食是乾隆下江南时"发明"的呢？

人间烟火味

————————————————————

而城中村美食，最吸引人的一点，就是它附着的"都市传说"色彩。

前阵子，国内翻拍了日本的《深夜食堂》，招致许多批评的声音。除了剧情、演技的缘故外，最大的问题就在于布景的设计。深巷中满满日式风格的小酒馆，安静、内敛，几乎就复刻了原版的场景。但那可是日本的深夜食堂。所以有人说，这一点不符国情，看着就容易出戏。中国版的深夜食堂应该就是城中村里那些喧嚣的大排档、烧烤店，旁边坐着光着膀子撸串、喝酒的大汉，店家的火炉烧得旺旺的，热菜酱油在上面颠勺、翻滚，满满的烟火气。

而这些地方，也最容易出现美食界的"都市传说"。桂庙的阿姨炒粉，在凌晨两点钟，阿姨推着一口大铁锅，一大袋米粉、火腿、鸡蛋和各种调料，带上一个专门负责装炒粉的老公，就可以在路边开档。大火猛炒，几下颠勺，加上一筷子酸菜、萝卜，几十秒间，一份热辣辣的炒粉就可以准时抚慰刚喝完一轮酒的堕落大学生饥肠辘辘的胃。

要买到 · 份阿姨炒粉并不容易，因为早有人在固定的地点前排起长队，等待阿姨出现。所以难免有时阿姨炒得慢了，就有人开始

大部分深圳人都吃过的"随意炒粉"，只要锅气足，什么配料都可以扔进去，品质随着颠勺大厨的臂力而变化（越夜越油腻）

_佘帅虎 摄

催，这个时候阿姨就会和老公拌嘴，互相指责对方炒得慢、装得慢，一来一往，竟越吵越起劲。见到此情此景，旁观的人只好闭嘴，或者好言相劝，怎么也不会再继续催促了。我时常想，这是不是阿姨和老公略施的大排档智慧，用表演抚慰吃客，好偷出一些耐心。

关于阿姨炒粉的传说有很多，例如每晚炒几百份炒粉，阿姨早已家财万贯，一到暑假就去欧洲旅游、送儿子去美国留学……当然，这都只是传闻，被阿姨澄清过。如果要夸张地表示一家大排档好吃，最好的故事就是渲染反差：虽然只是环境一般的小小路边摊，却有大把开着豪车的公子"屈尊"停在档前，只为到此追随美食。

阿姨健谈，富有人格魅力，常常边掌铁勺，边对学生灌输价值观，常常劝学生少喝酒，少熬夜（如此，阿姨的生意也会少做很多吧）。久而久之，阿姨炒粉成为一个深夜传说，深大学生无人不知、无人不晓的"美食桂冠"，也是师兄、师姐对新生必定要耳提面命的"校园经验"，好像不吃一次阿姨炒粉，就枉读了四年深大似的。

但阿姨炒粉究竟有多好吃？那倒是见仁见智。我听过不少人在深夜寻味后，若有所失地说："原来这就是阿姨炒粉啊！"一份有锅气的炒粉，配以阿姨独有的酸辣萝卜、豆角，确实是深夜中闪闪发亮、值得停下一吃的宵夜，不过要以"寻找美食"的目的，寄予阿姨炒粉过高的期望，恐怕失望是难免的。

后来阿姨因为摆路边摊被城管堵得多了，干脆在桂庙里开了一家店，做起门面生意，但客人却不似以前那样多了。我曾去过一次，夜宵的时段门可罗雀，不复往日大排长龙的阵仗。而在这平日晚餐时光里吃的阿姨炒粉，也咸得让人得灌下一大支矿泉水方可解重口味。

值得思考的是，既然味道不是很惊艳，那阿姨炒粉的魔力到底在哪里？——很有可能在于，她在合适的时间出现在合适的地点。

她出现在城市中的另一个时空，是灯火辉煌的写字楼人去楼空、商场早已紧闭、车水马龙逐渐消失，夜行者带着满身疲惫，急需刺激味蕾、卸下压力、宣泄心情的时空。

这时候，阿姨炒粉出现了。热气腾腾的炒粉、充满烟火味的对象，一切都市的辉煌、人间的疏离，在猛火中似乎都烟消云散了——深夜美食的真谛就在于此。美食的异化在于，它从中央厨房中凭空出现，人们无从得知它是如何制造出来的，如何与它发生关系。而路边摊，或者城中村中的大排档美食，则用可见的食材，可见的厨师，重新把人与人连接在一起。

人间烟火味，莫过于此。

家门口的食物

"你吃什么,你就是什么。"如果以食来分类深圳人,大概也可以分出"城中村人"和"大都会人"。大都会人常在购物中心中流连,吃的不是米其林一星,就是新晋"网红菜"、百年老技艺传承菜、精致新派创意菜。"汤底每天现熬 20 小时""国外最火的热干面""每个角落都值得拍照"……从食材做法到环境服务,无一不在美食微信公众号上用夸张的表述、艳丽的动图大力宣传。

这里没有贬低的意思,只是指出一条都会美食的路径——就是有许多眼花缭乱的元素,从食材到环境,美食都是需要与购物商场相匹配的。如果不对照着微信公众号文章,反而不知道眼前的食物该如何去感受,反正吃进口,大多数的体验就是很一般。

牛肉火锅原本是来自大排挡的食物,只要去汕头市区的老店八合里吃过,就知道原始的牛肉火锅,是一种与"嘈杂混乱"相伴而生的饮食。但要进入商场经营,就必须经过一系列改造。前阵子深港双年展曾有一个方案,要把南头古城城门前那家沙县小吃的装修改为日式冷色调风格,在网上一度成为热议话题。热议点是,这样装修出来的沙县小吃店,还能吃到五块钱一笼的蒸饺、十块钱一份的炒粉吗?

2018 年深双闭幕那天，我和友人在南头古城内闲逛，走进一家叫九街糖水铺的小店。小店不大，看起来只是一家人在操办，大厨是女主人，几个店家小孩围着小店乱转，男主人好像去进货，后来拿着几袋食材回来。虽然说是糖水铺，但兼卖炒粉。逛得实在肚子饿，忍不住一人叫了一份糖水和十块钱的火腿炒粉，准备好好填填肚子。

结果，炒粉上了之后，我们一致认为，这是我们有生以来见过的最大碟、最实惠的一份炒粉，吃完后围着南头古城边走边说"不行，我实在太饱"，走了好几圈后，才略微消化过来。

就在围着南头古城走的那几圈，我发现小小的古城内，竟然新开了三家书店。说实话，有书店不奇怪，但三家书店同时开在古城内，就显得有点格格不入，因为古城虽叫古城，但除了城门本身是历史遗产之外，内部都与城中村没太大差别。

这让我联想到，香港曾经有过一段时间，涌入大量旅客，一些奢侈品店赚得盆满钵满，结果有些街区，卖日常用品的小店付不起奢侈店、药店能负担的日渐高涨的租金，纷纷倒闭关门。我萌生的担忧是，在深圳对城中村轰轰烈烈的更新之下，南头古城虽因其历史价值不会就地重建，但无处不在的"消费升级"，会不会同样湮灭城中村里便利的生活、实惠的食物，用另一种旅游经济取而代之。

翻看历来的报道，不乏对南头古城握手楼成片、菜市场流污的抨击。但另一面是，2017 年的时候还能用 1,000 块在古城内租下一间 15 平方米的单间，五块钱在阿胜发廊剪发，买菜比外面少花十多块，这在寸土寸金的深圳是难以想象的。混乱、简陋的另一面，其实是廉价和实惠——这对漂泊在这座城市的异乡人来说，

桂林米粉，每个城中村都有许多家
桂林米粉，尽可能翻新主食的花样
是城中村食物的使命。尽管猪杂咸
菜的做法属客家，也不能阻止它叫
桂林米粉

_余帅亮 摄

肠粉，伴随城中村早晨、中午和傍晚的食物
＿余帅虎 摄

沙县小吃，永远的"故乡小吃"
＿余帅虎 摄

就是生存的根基。

在某些论调中，城市形象是由购物商场和写字楼共同构建起来的。2018 年，深圳大学新闻系的一组毕业报道就曾对深圳的商场数量进行过梳理并提出反思：为何有那么多商场呈现空心化现象？商场是不是过剩了？但在一些主流媒体的报道中，却将商场数量多作为一个城区宣传的亮点。与此同时，商场数量也一直只增不减，一个破旧的城中村倒下，长成的将是另一个金光闪闪、长满 GDP 的商场。

如果秉持着这种消费升级的观念，隆江猪脚饭、威记肠粉王、沙县小吃、原味汤粉王，这些曾眷顾过我们饥肠辘辘的城中村、家门口的食物，以其原有的面貌，大概无缘以主位入席商场——最多只能作为一个附属产品，或彻底包装打造一个全新的面貌，一个全新的美食故事。

梁文道曾说："现在要吃一碗好面，还得苦心搜索，舟车劳顿特意去找……吃面，原来应该是件很随意的事，街上走着走着肚子饿了，闻到香味看见店招，就坐进去点一碗面，趁着汤热面不烂的时候呼噜呼噜迅速吃完，然后钱一丢拍拍屁股就走，潇洒怡然。所以（小吃店）这种东西就该像便利店一样，'总有一家在你附近'。"这个光景大概只有在城中村才能遇见，不必考虑荷包，不需要看微信公众号点评，它就是随时出现的城中村美食，对准的是你的饥肠辘辘。

但愿我们不会只吃到要"打开味蕾去感受"的食物，而是可以悠然自得地吃一份沙县蒸饺，听老板和老板娘吵架。

城中村：消失的城中村

艺术的实践：
城中村实验

碧荒

深圳城中村与艺术的故事，可以讲述成艺术对处在"前城市"阶段的社区做的一场长达十几年的社会观念实验。在其间，艺术转换着不同的角色，变成产业、变成社会活动的诉求转译器、变成城市自我反思的演出方式、变成城中村的演绎和表达窗口，甚至回到生活本身。

复数的艺术和复数的城中村发生的互文是高度定制的，很少提供现成的改造工具和通用的改造模板。作为思想介入城中村的艺术，有时能促成城中村的改变，有时成为艺术家悬而未实现的意念。

这场实验，每个参与者都可能是其中的变量。

大芬：

产业作为出发点

第一次知道大芬村，是在一本叫《全球 99 个绝美小镇》的粗制滥造的旅游书上。滤镜之下，色彩丰富明亮的楼体、欧洲街景风格的黑色铁丝墙和木质花车，以及放置着绿白条纹遮阳伞的咖啡馆，很大程度上满足了我对小清新的想象。前段时间去到村里，虽然小商品批发市场式的店铺陈列与书上的风情相差甚远，但已经足够干净整洁。

在深圳，大芬村是公众观念里艺术和城中村发生故事的起点。

位于深圳布吉的大芬原本只是一个破落衰败的客家小村庄，汇聚了足够多的历史偶然性，才成就世界闻名的艺术神话。它的故事，侧面反映着深圳城中村形成的过程。透过大芬，特区政策、二线关、沿海制造业、城市化、民工潮、城中村这些因素如何汇聚并共同作用于深圳，都清晰可见。

在深圳，一线关划分深港边界，原来的政策则进一步划出了二线关，形成一条"内地—特区—香港"的往来通道。早些年，一线关的边界两侧是深港悬殊的经济势差，特区成立前大规模的"偷渡逃港"屡禁不绝。而原来的二线关，《深圳再生——国家战略

大芬村画墙里的画工

_邓世杰 摄

演变中的特区转型》里写道，"二线关的设置把这种孤注一掷的冒险转化为致富的能量和创业的温床，它使关内的开放获得了客观的经济效益，并最终造就了这个速生城市的奇迹"。

大芬正坐落在原二线关外，可通过布吉边检站和罗湖海关直达香港。这使得大芬一方面得益于香港，成为境外资金的目标和全球市场的后院，另一方面又方便承接内地其他省市充足、廉价的劳动力资源。

在此背景下，1989 年，黄江这个香港画商的出现，仿佛是风带来了种子，一下就在大芬这片土壤上种下产业，决定了大芬此后三十年的命运。面对那些大量涌来并急需住房的画工，尚且拥有集体上地的大芬村民体现出逐利的智慧，建起密度惊人的握手楼，用一种"野蛮"、自发的方式解决了这些流向城市的劳动者的居住问题——在此之前，城市的居住空间还以耳熟能详的"单位房"（工作单位自建再分配给城市职工的房子）为主。

之后就是辉煌传奇的历史。大芬村从一个三百多村民的村庄，迅速壮大为拥有八千多从业人员的油画村。那些临摹复制的油画，漂洋过海销往全球，巅峰时占据了全球油画复制品贸易市场 70% 的份额。2004 年文博会，媒体的聚焦与领导人的视察更使其一举成名。在政府扶持之下，画家公寓、大芬美术馆拔地而起。尽管其间经受2008 年的金融冲击，但画商迅速开拓国内市场（国内逐渐发展起来的酒店、会所和商业住宅需要大量工艺品装饰），大芬渡过了危机。被金融危机打击的画工们也有了原创觉醒，开始艰难的转型。

2010 年，500 多名大芬画师集体创作的油画《大芬丽莎》从深圳运往上海世博会，巨幅蒙娜丽莎神秘的微笑碰巧正对着源于中世纪意大利的艺术名城——博洛尼亚的场馆。在这穿越时空的凝视之间，大芬村的故事性也逐渐彰显——一种中国劳动密集型产业与西方艺术对比的震撼。古典高雅的世界名画成为没有受过美术教育的画工可以批量生产的复制品，很容易让人想到千禧年的前几年，中国制造业的山寨名声。这渲染出一种戏剧性极强的景观，在媒体上的传播给大芬带来了巨大的关注度。

另一方面，余海波等艺术家的摄影作品和纪录片则深挖了画工的生存状态和心灵困境：在那些光线不甚明亮的画面里，绘画生产线上模糊的画工面孔有了更多个体觉醒的成分，似乎能让人看到，在千篇一律又有着微妙笔触变动的画作中，某种心灵深处未被表达的心情和诗意正在生发。这些作品给大众传递了大芬村更丰富的意涵，它不只是一个冷酷的"艺术血汗工厂"，里面同样存在挣扎、觉醒和隐隐的希望。

如今，"艺术与市场在这里对接，才华与财富在这里转换"还是大芬的标语，但大芬美术馆的副馆长梁剑更愿意把大芬的产业称为"文创产业"。不管是当时黄江的来临还是当下政府的扶持，本体意义上的艺术观念都不是这里最重要的事情。黄江来这里赚钱，政府则施行系列政策剔除艺术的批判性，试图打造的是一个有明确"晋升"路线、身份明晰、稳定运转的产业系统，如拆掉城中村巷道上散工的画墙、给予合资格的画家住房补贴、解决画家的子女教育问题、组织画工进行职业资格考试等。因为，最重要的是，保持这个产业系统稳定的高产值——2017 年大芬的产值是 41.5 亿。对于画家而言，作画与卖画无缝衔接，市场导向被放大了，缺乏足够的时间让买家了解画作，这时用职业资格认定和获奖证书来为作品背书就很重要。

在这种语境下，对大芬油画村艺术性的讨论是失焦的，大芬对城中村的启示或许是城中村找到一种包容性尽可能强的产业，创新居住价值以外的生产模式，重新发现自己的价值。但即便放下"城中村为何必须回应这种价值期待"不谈，这依旧很难。城中村的可能性在于你不知道谁会在什么机缘之下来到此处，做了什么事情会改变这里。如今劳动力和土地价格上涨，大芬这样的"意外"很难再次出现。

为生计忙碌的画工，秉持着"画得好就有人买"这一朴素观念的画家，经营形态多样的画廊和店铺，创造了一个新的城中村形象。大芬是第一个以更正面的形象（尽管也遭遇不少批评）进入社会公众视野的城中村，被媒体称为"城中村改造的第三条路"（前两种是"删除"和"美容"）。在此之前，城中村与社会治安问题、消防隐患和原村民的食利嘴脸相关，是"脏乱差"的地方，是影响城市管理的"毒瘤"，需要推倒重来。在大芬之前，渔农村、蔡屋围、岗厦、大冲的结局都是整体拆除，然后建起高档住宅、购物商场，在夹缝里留一个小祠堂。

这也许是能把大芬当作一个"被艺术化了的城中村"来看待的原因：大芬作为一个城市空间，包容、养育了一种高度工业化的"异化艺术"；另一方面，大芬的形象与模板对于急需寻找发展路径的深圳城中村来说，可被理解为一种"城市化的艺术"，公司经营者、村民、外来劳动者、城市管理方……各方在居住、管治、发展和利益之间达成了微妙的平衡。这个模板以其历史偶然性吸引着城市规划学者或是产业经济学家的解读（也可能是过度解读），又以其故事性时不时调动着公众的兴趣。

从双年展到"湖贝120"：

艺术"帮助"了城中村？

———————————

尽管大芬村养育了大量的"艺术从业者"，并被官方肯定为某种"艺术造城"的正面典型，但在艺术欣赏者的眼里，大芬村甚少会被放进"深圳艺术地图"中——一个按需生产画作并高度体系化的聚落，更有可能被视为"产业先进"范例，而与自由、自发的艺术表达无缘。大芬村作为城市景观可以被参观，我们却不能指望在这里接受到艺术的熏陶乃至启示。

如果想对抗被大芬村概括（或者说"招安"、扭曲）的艺术概念，我们还是需要回到城中村作为一个城市普通居民生活聚集的场所这一概念原点。而在这个原点上，艺术家从未"放弃"城中村。双年展即可视为一种表达上的努力。

深港城市\建筑双城双年展是由深圳市政府主办，"立足珠三角地区急剧城市化的地域特点，关注全球普遍存在的城市问题"的展览，希望用当代视觉文化的方式与社会公众产生广泛互动。从2005年首届开始，深双就设有专门的城中村单元，历届不断深入，多次探讨城中村在城市与社会结构中的重要角色和积极作用，以及各种改进的可能性。这十几年来，社会对城中村从单一的负面评价和推倒重来，逐步转向客观评价和环境整治与提升，和深双在这一领域的持续探索不无关系。

2017 年是深双与城中村关系最为密切的一年。这一年，深双把展览主题定为"城市共生"，直接把展厅搬到了南头古城——一个历史遗迹、旧厂房和城中村多重形态叠加的场所，表现出直面议题的勇气和回应的热情。同时，这也是艺术第一次作为独立板块纳入深双，并提出"艺术造城"的野心。

对照城市、建筑板块的作品来看，很容易察觉到艺术家和建筑师、规划师在关注点和思维方式上的差异。建筑和城市板块中的作品，习惯从宏观角度来探讨城中村的发展与更新，通过个案介绍提供全球视野下不同地区的发展模式和经验参照，以此描绘未来的愿景。艺术更感性，他们用作品展现着个人与城市历史、日常生活、公共空间、社会生产的关系和感受。

香港艺术家林一林从南头古城两侧的小店铺买来糕点、米粉、电线等各种商品，甚至把自己也放置其中，和这些城中村居民最熟悉的物品一起接龙式地排列，在街道中间画出一条长长的分割线，完成了行为艺术作品《商品链》，意在"通过这种排列，唤起它们的价值和被等值化"。他在长长的商品链里闭目抱臂，在好奇围观的路人注视下，肉身仿佛真的成为漫长生产与消费链条中一个普通的节点，人在城市的生存方式在此得到聚焦和放大。

在一片城市激进发展和旧城更新的声音里，艺术家们对个人命运、生存状态的关注和表达显得弥足珍贵。深双不少作品犀利地表现出城市空间愈发压缩的逼仄感以及人在其中承受的压力和紧张。艺术家直觉敏锐，能对事情迅速做出反应，他们的感受大约与城中村居民相仿。像香港的音乐人马米在城中村唱："新与旧

2017 年深港城市 \ 建筑双城双年展
_ 深圳城市 \ 建筑双年展组织委员会办公室 提供

嘅一种共生 / 本是同根生都係草根 / 万里漂泊后斩草再除根 / 落泊都市人一切随心 / 华灯下境色太过醉人 / 一群人又一群人。"

深双这样短期的艺术介入对城中村有什么作用？总策展人侯瀚如回答此问题时直言不讳，"艺术造城实际上是造不成的，艺术能造的只是某种意识，让人们觉悟出自己应该做什么、可以做什么，从社会学的角度来重新看待人与人的关系"。短暂的表演、临时的装置总是会结束、消失，但是痕迹会留下来，渗透在空气中，成为城中村的一部分。而对于进入城中村现场的公众们而言，这些作品又会对他们产生什么影响呢？满宇在作村角亭口述时曾说："社会学家生产科学范式的知识，艺术家呈现出的是一种感性的表达。这种表达是一种伦理上的、身体上的经验，不是生硬的知识，不是一道命令。作用于身体的经验，能让人的认知发生变化，而且相比说教，更能够深入人心。"这或许可以为我们理解公众除了"打卡"参观之外，那种像风吹过一样的感受到底是什么提供一种注解。

这时再把艺术收拢到深双之下来考虑其公共影响，就会意识到涉及现实的角力，艺术就不是其中最主要的因素。艺术介入需要用时间去构成价值，三个月的展览不能改变城中村的命运，真正能在短期之内动到城中村筋骨的只有以艺术为名的资本力量。一方面，深双在城中村举办的确有抬高地价赶走租户的风险，为资本进入并改造城中村提供方便之门，这是深双无法回避的指摘；另一方面，从媒体报道和社会观念上说，对展览的溢美之词同时意味着对城中村"脏乱差"的污名化不再奏效，三个月的时间所能呈现的城中村与艺术共存交融的状态，本身就是对城中村刻板印象的洗刷。同时，深双十三年积累的观众带来的 55 万观展人潮，也成为公众直接进入感受城中村和参与此议题的契机。

"湖贝 120"是艺术在城中村进行实践的另一个案例：在明确的建筑保护诉求之外，艺术家承担起了表达城中村生活价值的"扩声与转译"工作——在这个层面上，城中村不仅仅是等待被拯救的对象（一旦承认需要被拯救，那开发商的更新自然也是合理选择之一）。

2016 年 7 月 12 日，"湖贝 120"发起"每个人的湖贝"公共艺术计划，更多的人用行为表达了他们珍视湖贝的不同理由：艺术家沈丕基用砸碎心爱的古琴表现对湖贝更新项目的痛心，在意湖贝作为低收入人口居住地的价值的建筑师段鹏举着"湖贝不拆，把根留住"的横幅裸跑了湖贝一周。日本艺术家久原真人在湖贝吹小号，后来他寄回的信里写道："古村的价值固然重要，但住在里面的人对它的喜爱更加重要。"在艺术家们划定的精神领域里，观众会感受到不同的观看角度、价值思辨和参与方式提醒，然后做出自己的判断和选择。

距"湖贝 120"发生的六年前，武汉建筑师李巨川和艺术家李郁曾发起"每个人的东湖"艺术计划，批评地产商圈掉东湖的湖岸与水面建造大型主题公园、高级楼盘和度假酒店。他们希望以艺术的方式开辟一个讨论的空间，为关注这个项目与东湖命运的人们创造一个

城中村：消失的城中村

沈丕基砸琴
_文靖 摄

发出声音、表达意见的机会。这个计划建议每位参加者自行到东湖边创作实施一件有关东湖的作品，然后在专门的网站上发布作品的相关信息。

东湖与湖贝的处境是相似的，作为非直接利益相关者，不管是专业意见还是艺术表达，都几乎是一厢情愿，这是我们讨论公共议题时一个常见的困境。艺术是在这个语境之下推进了公共讨论空间的形成，承担起抵抗与意见表达的角色。王南溟曾在《观念之后：艺术与批评》一书中提到艺术所具有的舆论属性，他认为这种参与艺术的行为是一种舆论参与而不是行政参与，从根本上是一种公民政治方式，尤其是在我们缺少这样的人群与组织的时候，艺术家通过艺术创造了这样的前沿地带。湖贝的公共艺术正是在这个意义上为制造出舆论上的公共第三方参与城市更新的意见表达贡献了一份力量。

东湖最终没拦住地产商的挖掘机，湖贝保下了 10,000 平方米的古村——虽然没有达到最高期望值，但已经是民间参与的一场值得纪念的胜利。这场自发的公共艺术实践，与大芬的艺术作为文创产业长久驻扎、改造城中村不同，"湖贝 120"充满对城市发展方式的反思和建议。尽管在短暂的表达之后烟消云散，但也留下了思想的痕迹：保护者不是反对城市更新，而是反对拆毁式和驱逐式的城市更新。珍视生活在其中的人们的幸福，让各个阶层的人在城市里能够尽可能舒适地生存，才是他们认为的一个城市应该发展的终点。

城中村：消失的城中村

"握手 302"与鳌湖：

从外来到"在地"

深双和"湖贝 120"的公共艺术无疑是带着英雄主义色彩的，它们的课题紧紧地围绕城中村变动的时间节点，在一个又一个被推倒的城中村面前有着"拯救"的迫切性和介入的主动意愿，是短期事件。但如果想要艺术真正承担起社区营造的责任（即深双所强调的"艺术造城"），需要的必然是一个足够长的在地时间周期。白石洲的"握手 302"和鳌湖的艺术村正是这样的存在。

城中村是个缺乏公共文化资源的地方，而"握手 302"的宗旨则是"艺术属于每一个为城市做出贡献的人"。五个核心成员在这个租金便宜的城中村不断通过项目实验想法，挑战着艺术的门槛，进行新的艺术形式探索。另一方面，他们挖掘生活在城中村的人的生活智慧，并把它们分享给更多人，也成功地用艺术发掘了城市空间的潜力。

一开始，"握手 302"还会把白石洲当作一个工作的出发点，想为白石洲做点什么。但到了 2015 年之后就转为更纯粹地以艺术项目的方法来做探索，因为他们逐渐意识到，是白石洲给了"握手 302"很多东西，而不是"握手 302"给白石洲带去了艺术。转向之后，他们的艺术实践有了更自由也更坚实的行动核心，自然地和白石洲产生各种各样有趣的互动。做"艺术家驻村"项目时，有海外艺术家硬是和白石洲的小店老板用微信翻译"交换"来了作品所需的旧衣服；做"白鼠笔记"时，邀请艺术家在白石洲的"握手302"艺术空间居住并记录在此地的感受，然后完成和白石洲相关的一个作品。他们在意艺术项目不断和周围的社区产生交流，而非直接拿出一个结果。

大芬囿于复制的名声，艺术成为流水线模式的一种，没有冲出外界对城中村高密度社区和低端产业的刻板印象。而"握手302"在白石洲的艺术行动挑战了这种观念，在艺术媒体《打边炉》对其的采访里，核心成员张凯琴如此阐释自身空间实践的核心价值："握手302"的艺术实践既是作品——证明城中村是一个正常的生产空间，也能产生艺术；同时也是实验对象——可以反映白石洲能给在这个城市毫无原始积累的人们多大的机会，孕育怎样的艺术，培养怎样的人。

如果说"握手302"的空间是城中村一个孤立的像素点，其作品主要是艺术家做单纯的艺术实践的话，邓春儒在鳌湖做的则是一个更完整的"画面"。鳌湖原本是龙华区一个风景优美的传统客家村落，跟深圳其他传统村落相似，自特区建立，村民"洗脚上田""种房出租"，处于深莞交界的鳌湖老村也成了厂房包围的城中村。2012年，生于鳌湖的艺术家邓春儒与妻子王亭决定回鳌湖定居，开始邀请艺术家朋友到村中长住，逐渐形成了艺术家聚居的状态。

艺术家进鳌湖，不只是租房子关门创作了事，他们要和原住民、租户、当地政府相处。如何让这几个群体融洽地生活在一起，是一个需要思考的问题。邓春儒和王亭做了很多尝试。比如在艺术家和居民的居住形态隐隐发生分裂的情况下，发起"村商计划"，让艺术

家和村民进行互动，把艺术元素注入当地的店铺。一系列与村民有关的艺术项目做完之后，大家的交流多了起来，后来还自发组织了鳌湖艺术村足球队和武术协会，让鳌湖艺术家和早期的外来房客以及世世代代生活在这里的原住民一起玩耍。

鳌湖没有成为一个封闭的小圈子，如同鳌湖的英文名"New who"（缘起于邓春儒和艺术家江安在鳌湖半月池创作的地标作品 *Anywhere but New Who*（中文名为《此地无涯》）以有趣的谐音所展示的那样，鳌湖随时欢迎新的居民重新定义此地。邓春儒邀请各种艺术家来鳌湖做展览活动，也鼓励年轻人在这里"大吵大闹"，其中就包括台湾梦想社区准备参加美国火人节的桑巴鼓队——四百年的历史与宁静并不是这里的包袱。"鳌湖很老,需要一些外来的力量冲击一下。"同时,邓春儒也很重视来村艺术家与村民的相处,会给每个驻村艺术家都组织一些与村民一起玩的活动。纯粹的艺术不是鳌湖最重要的目标,人的生活才是。"生活就是艺术,艺术就是生活"是邓春儒一直强调的话。生活对每个人都是重要的,用这样的心情去做一个艺术村落,分裂、高低之别才自然消散。

邓春儒作为鳌湖村的原住民、艺术家、区人大代表的身份弥合润

邓春儒在鳌湖
_钟杰龙 摄

滑了艺术村的生态：他了解艺术家需要什么样的创作空间，懂得如何和村里的人打交道，也明了如何向政府部门表达诉求、寻求共识。运营文化产业的经验也让他知晓如何把村里的文化资源利用起来。将原村委办公楼改为鳌湖美术馆之后，每年这里都有定期的艺术节和展览活动，村里的小朋友也接受到持续的公共艺术教育（一个意外的作用是村民要陪小朋友上课，打麻将变少了）。

邓春儒了解人的欲望，他清楚，在地产商给出的巨大利益面前如何选择，对任何一个城中村来说都是一个考验。但他仍希望能通过所做的事情，让村民和政府看到艺术和生活的价值，在地产商所能提供的衰败和富裕的两极生活想象之间，看到更多关于生活和未来的可能性——这是艺术造村的理想状态和愿望。

如果说深双和"湖贝120"体现的还只是艺术家进入、理解、呈现城中村的努力，因而无法避免某种"外来者视角"，那么"握手302"与鳌湖艺术村似乎更接近"共生"的初衷。更关键的是它们启发了一种观念：城中村并不是城市生活的观念孤岛，它们的存在本身就"包含"，并产生了艺术。

城中村：消失的城中村

时空边缘：
龙岗老墟镇城市研究

筑博设计

龙岗老墟镇是深圳地铁 3 号线的终点（双龙站），所以可以看作是深圳城市的边缘。但同时老墟镇又是龙岗，在一定意义上也是深圳的发源地，是古老的中心，这种矛盾的身份，奠定了这一区域独特的研究价值。在老墟镇持续自发的发展中积累了大量不同年代、不同类型的民间建筑，也形成了富于活力和变化的城市肌理和街道空间，展现了民间自发建设的一些智慧。这个见证了深圳多年来巨变的城市片区，却在龙岗城市更新的压力下岌岌可危。在这个片区与拆迁的对抗中，她的活力正在消损。

我们希望通过历史地理学研究方式，从文献资料中找寻老墟镇的蛛丝马迹，从龙岗的保留建筑和街道中探寻人与城市在时空中的互动关系；通过实地考察老墟镇，以一种现象学方式面对每一栋建筑每一条街巷，帮我们去探寻和还原原有的生活情境、邻里关系中透露出的使用者的状态，不同宽度的街道阐述的它们各自的职能，祠堂场所散发出的精神，以及对族人繁衍生息的意义；通过建筑学对建筑空间尺度、材质、类型、组合方式等进行解析，了解这种民间自发的建造和建筑改造以应对现实问题的智慧，通过这三种研究工具从时空维度去呈现人与城市在生活中的真实情景。希望通过这种多元的方式使更多的民众重新认识老镇所具有的独特价值和生命力，进而重新思考这片古老城镇的命运。

老墟镇有一百多年的历史，早期主要是由客家人、广府人、潮汕人以及部分华侨聚居而成，不同民系在生活方式和建筑形制上都存在差异，形成多种民居混杂并存的古城特征。直到 20 世纪 80 年代，这里都是龙岗中心区最主要的商业区。龙岗老街也是改革开放后龙岗镇新规划的第一条街道，当时龙岗的政府部门、邮电局、服饰店全部集中在这一片区，整个龙岗十几万人全都集中到老街办理业务、寄信、购物消费，曾经繁盛一时。20世纪90年代龙岗建区，新区重新选址，这一抉择成为老墟镇发展的分水岭，至此，繁华的老墟镇日渐衰落。

老墟镇整体呈三街六巷排布，以榕树头为城镇中心向外辐射，宗祠和书院点布其中。从布局可以看出，早年老墟镇是以老榕树为中心生活场所而集中形成的城镇，城镇间保留着强烈的宗法礼制观念，注重族望门阀、族谱、祖祠，具有浓厚的家乡怀恋意识，在其小范围内，大家以共同的习俗、信仰和观念紧密结合，具有明显的地域性和民居文化特征。

龙岗墟·老墟肚
_图片摄于1984年2月3日

图例说明

广府式民居　客家围屋　折衷式民居
广府式商业骑楼　客家门楼屋　现代式民居
潮汕式民居　客家碉头屋　侨乡式民居
客家平房　客家堂屋　上园一号

轴测地图

城中村：消失的城中村

老墟镇鸟瞰图

街景

老墟镇关键词

个人主义城市

与那种自上而下、藐视个体的大规模城市化不同，老墟镇展示出的是一种自下而上的城市化。老墟镇从历史中走来，并且在政府主导的城市化进程中不断与之博弈，一直没有被吞噬。老墟镇是个人主义的城市，是无数坚守自身利益的个体间博弈妥协合作的城市，处于利用个人力量和知识进行的随机性、自我组织、无规范的、持续不断的更替状态。这里有微不足道的变革、暧昧模糊的平衡、悄无声息的拆建……

老墟镇局部鸟瞰

城中村：消失的城中村

生活街巷

街道不只是路径、通道，街道在不断被行走的过程中，隐含了人
的日常生活的丰富足迹，每一个角落都承载了人的故事和记忆，
街道不仅是历史的载体也是历史本身。老墟镇狭窄的街道赋予了
街道完整感和街景闭合感。街道宽度、角度的无限变化和微妙的
差别，无标准的同时又无处不在地谦让——没有一条街道是封闭
的死胡同。密织的街巷，维持着老墟镇日常生活所需，不同功能
侧重形成一种微妙的平衡关系。每一条街道随着时间的变化亦在
改变和调整，但在漫长的岁月中保持着街巷的稳定性。它们拒绝
汽车，拒绝快速，拒绝功能从生活中抽离。

最小公共尺度

在老墟镇的小巷里行走，你可能会迷路，但很少需要走回头路，每一条小巷都与相邻的小巷保持最低限度的通达性——至少一个人可以通过的宽度。有些房子居然是很前卫的三角形，原因是它不能把路封死。有些房子盖到很高甚至可以达到九层，但仍然必须遵循街道的排布。有些应该有院落的民居，居然房子贴着房子，没有天井，原因也是遵循与邻里的房子的边缘基本对位，保持街道的通达。街边的商铺为了增加商品的展示面积，几乎占据了街道所有的面积，但仍然留下最基本的通道，我们将这些称为最小公共尺度。

这些必须遵循的尺度使得老墟镇在漫长的发展和变化中得以保存整体的城市格局和生命力。

瑞隆街，狭窄的街巷仍保留人能通过的最小尺度

杂居

客家人、广府人、香港人、各地务工者混杂居住在此，形成了由不同建筑类型组合的老墟镇，混杂、多样是它给人最直观的感受，好像不排斥任何人进入，不排斥任何一种建筑存在，这种纷繁的城市状态也正好是自发建筑自我生长的特征。走在街巷中你可以感受到被各种生活细节包裹，甚至在一个房子里你可以找到几种人生活过的痕迹。走在街巷中时而感到压抑，时而感到亲切，时而感到怀旧，一条很短的街道可能同时有几种不同的氛围并存。当然，这样的城市有其自身固有的问题，如不通透、脏乱、缺少排水设施等问题，但这种杂居所形成的生活场所、城市记忆载体、传统文化却是非常丰富和珍贵的。

上街入口处，多种建筑风格共存

在老墟镇随处可见的瓦屋面

瓦屋景观

在城市里有可能看到海、公园、河流、山、标志性建筑、街道，这些都是美，但美的屋顶却少有看到。如今的城市似乎更在乎让人仰视，让人瞬间记住，又瞬间被另一个仰视替代而忘却。屋顶，总在儿童画中出现却被城市遗忘的家的符号，在城市中悄然弥散。在强调个体高度的同时，建筑最高处的屋顶却成为被城市忽视和遗忘的空间。老墟镇仅存的成片的瓦顶成为深圳城市中最不深圳的风景。这样的城市屋顶，着实让人有回到童年的感触。老墟镇的城市肌理与瓦顶在大都市中显得不合时宜，或许它们只是暂时幸免于快速的城市更新，我们是否可以容忍或者期待它们继续存在？

人与城市的关系

在这个媒体时代，人们对城市、建筑的了解和评判越来越依赖媒体筛选和传播的图像而不是亲身体验，这导致我们往往习惯以脱离生活感受的抽象审美来看待城市和建筑，这扭曲了城市和建筑，翻过来，扭曲的城市、建筑又扭曲了我们的生活。

老墟镇的研究则回归建筑场所的初衷，为人所用，在这片被城市忽视的边缘老镇，恰恰保留了这种显著的质朴特征，混乱、杂居、小院、鸡窝、邻里、街巷、摆摊、叫卖、门市、老树、宗祠等等，在这里所有的建筑都不是艺术，却都是现实生活的写照，是人在城市中生存和生活自我调节的表达，是陈旧却活生生的场所，是为人所用的场所。即使已经没有人住的空房，我们仍然可感受到人生活过的痕迹，像是蝉蛹退下的壳，我们能感受到它曾经为生命蜕变的努力。这看似边缘化的城镇，难成完美艺术品的建筑，却蕴含几代人的故事，蕴含市井生活的丰富和多元，它不仅仅是历史的载体，它本身就是最鲜活的历史，它所呈现出的人与城市的关系是明确的、真实的，同时也是朴素的、包容的。

榕树头，老墟镇的中心场所

建筑空间研究

居

老墟镇因其开始主要是由客家人、广府人、潮汕人以及部分华侨聚居而形成，不同民系在生活方式和建筑形制上都存在差异，并表现出明确的自身特点。并且即使同是客家人，在建筑组合方式和规模上也存在很大差异，在这种情况下老墟镇的房屋形制的差异性就更为突出。这种个体的差异性，使得老墟镇的每一栋建筑都有其独特性，同时建造时间和民居间相互影响，使得一些建筑本身就同时有几种民居风格的特征，甚至因为受华侨所建的外来建筑影响，一些建筑会有欧式风格特征的细部构件，所以仅仅用几种标准的民居样式去套用反而忽略了它的个体性差异。形成这样一种杂居的因素很多，不能完全确定某一种要素的决定性，也并非简单说是气候、建筑材料、手工艺等的影响，不同的生活方式、家庭结构、经济状况、宗法观念甚至阴阳八卦和迷信色彩在老墟镇形成和生长的过程都起到一定的作用。

地址：后尾街45号

开间：12.0m

进深：7.3m

面积：157.8m²

层数：2

建筑风格：潮汕民居

建筑年代：约90年

家庭构成：3人

建筑结构：夯土

16.5m

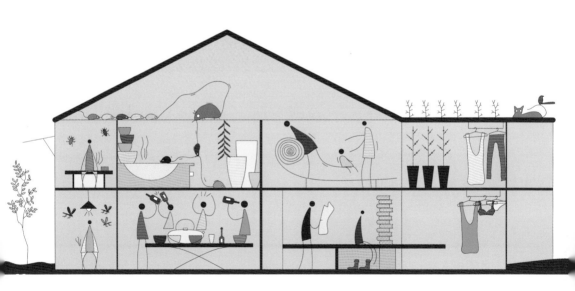

城中村：消失的城中村

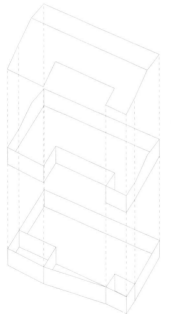

下街 47 号

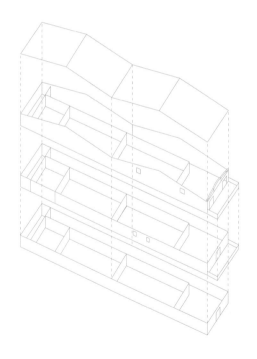

地址： 下街47号

开间： 5.2m

进深： 26.2m

面积： 435.1m²

层数： 3

建筑风格： 广府民居

建筑年代： 约90年

家庭构成： 15人

建筑结构： 夯土

16m

邻里

邻里，社会学中指同一社区内彼此相邻的住户自然形成的初级群体。其成员以地缘相毗连，具有互动频率高、共同隶属感强的特点，构成人与人之间的一种血缘或地缘交错的社会关系（《辞海》，上海辞书出版社，1999 年版，第 1287 页）。

老墟镇的邻里空间类形几乎涵盖了所有的可能，无论是水平向的左邻右舍、对门、丁字型甚至世居合院的大家庭邻里，还是垂直方向的多层的一梯几户，还是有着长廊的筒子楼，在老墟镇都可以找到。这里本身多样的居住人群就决定了这里邻里空间的复杂性，在力争获取最大个人利益空间的同时，又必须考虑最低限度的公共空间，保证街巷邻里的通达，因此他们在相互自利与礼让中形成了几乎不能用类型去划分的各种邻里空间类型，每一种相邻都有其独特性和唯一性，这也正是吸引我们并促使我们研究的动力。我们也试图通过观察人们在这里生活的场景并加以研究，去解读邻里空间与人的生活是如何在这里展开，进而解读人与城市在微观层面的互动关系。

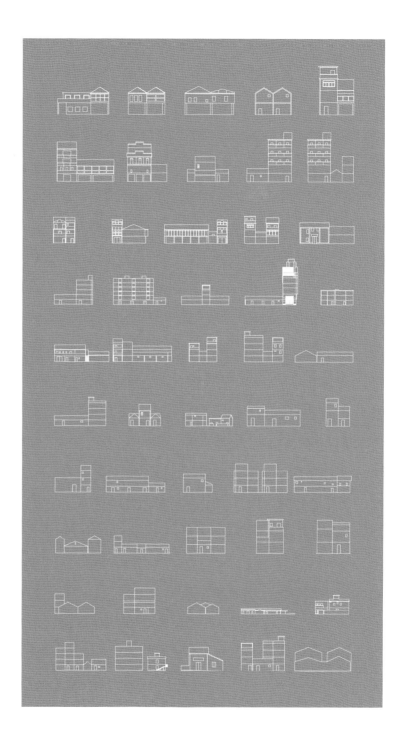

46m

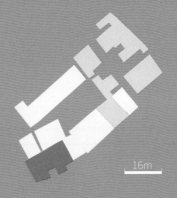

16m

概况

位置：后尾沥街

构成：民居为主

材料：夯土，砖

层数：民居1-2层，新建部分3-4层

用途：住宅

建筑组成

民居围合成形成周围居民的主要交往场所，点状分布的多层居民交流空间位于楼梯间、公寓门口。前者相对后者空间舒适度更高，更易于邻里间交流和互动。

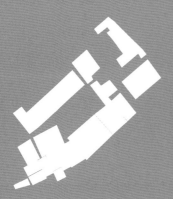

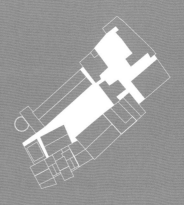

● 多层住宅楼

● 客家平房

● 客家锁头屋

图底关系

实体形态：袋状连续实体和点状连续实体

虚体形态：两个回字形半封闭空间

形态分析：袋状实体为民居，点状实体为多层住宅

空间分析：民居所形成的公共空间尺度狭窄，仅可供人通行，住宅楼所形成的公共空间尺度大，空间开放性更强，但邻里关系减弱。

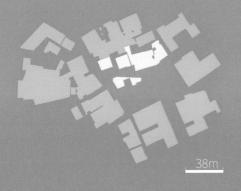

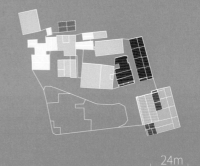

38m

24m

概况

位置：榕树头

构成：商住民居

材料：砖

层数：2-3

用途：商住结合

建筑组成

建筑类型集中了多种民居类型，大部分民居底层用于商业，楼上用于居住。

榕树头特殊位置使此处成为老镇商业与公共休闲空间的集中区域

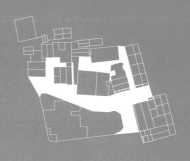

图底关系

实体形态：点状连续实体

虚体形态：回字形开放空间

空间分析：实体建筑共享回型开阔的空间，尺度

　　　　　宽敞，视线通透，可容纳多种活动

- 广府式骑楼
- 广府式民居
- 多层住宅楼
- 客家平房
- 客家锁头屋
- 潮汕式民居

老墟镇街道整体格局是三街六巷，这个格局在一百多年的发展过程
中基本没法发生结构性的改变，街道的空间尺度和空间氛围保存
尚好，走在街道中可以感受到过往的气息，场所感在时间中得以保
存和延伸。这种街道的场所性不断发展，日常生活以一种隐含的方
式在空间界面、尺度、形状中得以保存。从街道丰富的尺度变化中
可以观察到人们在形成这些街道的界面的反面即建筑内部空间的多
样性，以及对街道各种转角和琐碎空间的综合使用。街道甚至成为
没有墙的院落，成为没有屋顶的室内空间，成为阳台，成为花园等
等，只要他们需要，他们就会想办法利用起这些空间。街道几乎成
为老墟镇日常生活交流的场所，我们试图通过模拟街道场景、图底
关系、街道尺寸、街道建筑类型去呈现出这种人与街道在生活层面
的互动关系。

狭窄的小巷

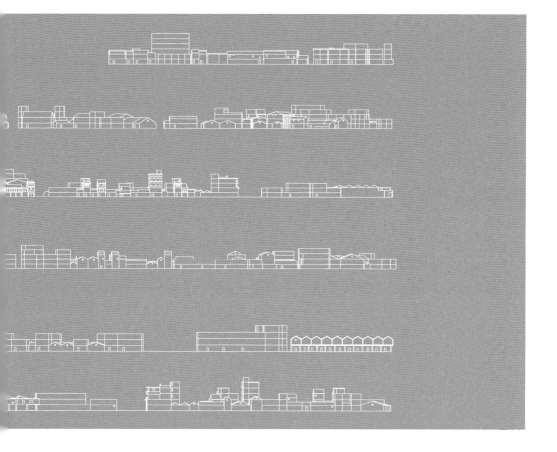

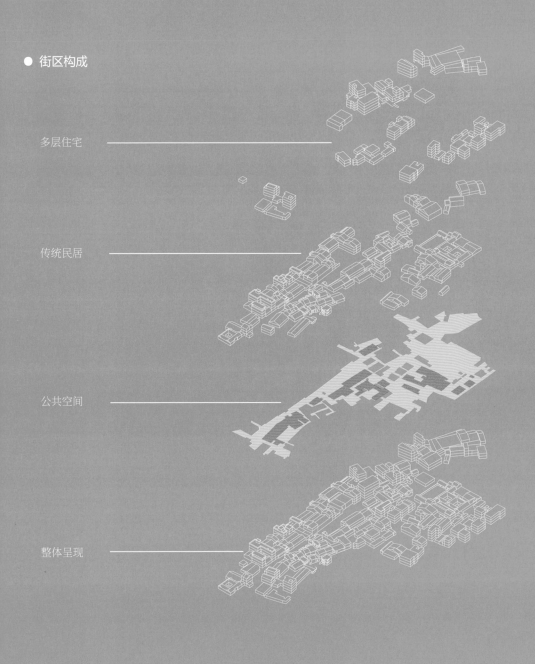

● 街区构成

多层住宅 ————————————————

传统民居 ————————————————

公共空间 ————————————————

整体呈现 ————————————————

28m

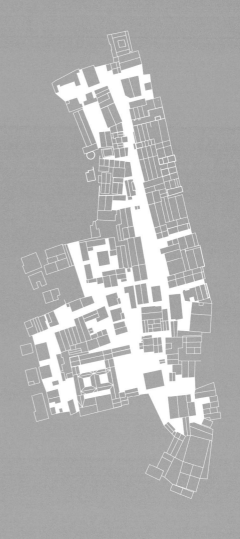

图底转换　整条街因建筑错落排列形成丰富
的边界, 自由又不失秩序

街巷空间自然渗透并连接每一栋建筑, 创
造出层次多变的街巷空间。

街名： 后尾街
街道属性：居住

● 街区尺度

33m

多所房子围合成的室外空间, 公共性强,
但和交通空间重叠, 人流旺盛停留性低

半封闭室外空间, 领域性强, 可供自家或
亲近的人休闲、摆摊、买卖等

户前的小院, 由室外向室内过渡, 完全的
家庭私人空间

客家围屋的室外公共空间, 领域性强, 与外界相独立

多所房子围合成的室外空间, 成为周围邻里间共同享有的交往平台

场所

我们所选择呈现的场所具有明显的空间特性或氛围，这种特性不仅仅是强调其材料质地、形状、肌理和颜色，更强调无形的多文化交融，某种经过不同人长期使用过而获得的生活印记。人们长期在场所中实现自我、建立社会生活和传承文化。这些场所被赋予一种感情和精神内涵。

比如曾氏宗祠，我们可以从中感受到其在特定时间祭祀留下的种种痕迹所隐含着的一种精神性。又比如我们可以在榕树头广场感受到这个场所对整个老镇的聚合力，这里成为一个小孩老人小商小贩休闲娱乐的聚集地。这里成为一块共享的生活场所，太多的故事在这里发生和传播。甚至可以说榕树头广场成为人们的日常生活，如同发生在这里的故事一样，成为人们生活本身的一部分。这里的场所空间是包容和多元的，与过去的建设、人际交往和事件片段以丰富、层叠的混合方式结合在一起，如同这里的街巷一样。我们既不希望这些空间成为艺术品，也不希望成为一种理论知识，而是还原为一个生活过程，一个开放的动态活动，其中每一个时代的居民都能为其增添新意。

上街一号，周围多条街巷
的视觉中心

榕树头，老墟镇商业与公
共休闲集中的区域

城中村：消失的城中村

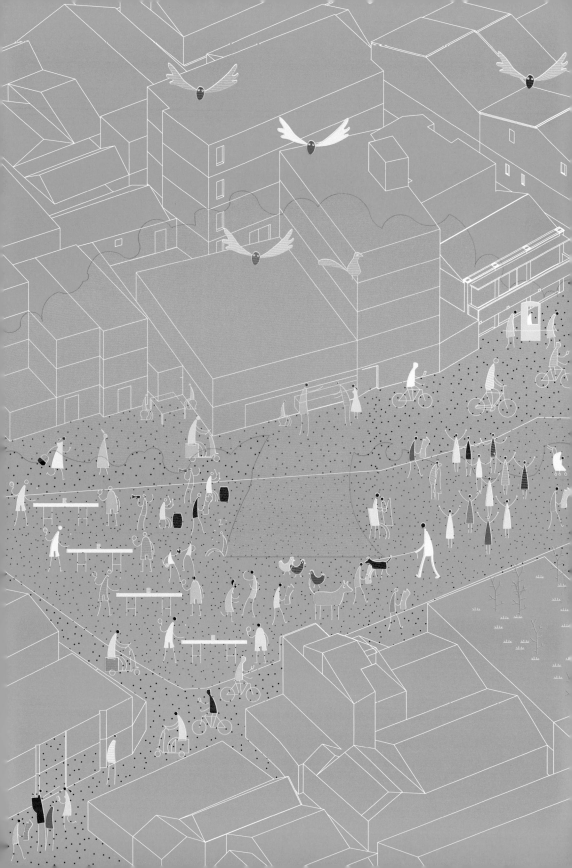

曾氏宗祠，门前有族人集
中活动的开敞场所

城中村：消失的城中村

上街一号

位于老墟镇上街尽端的这栋自发建造的"怪楼"，如同老墟镇其他建筑一样，它的建造完全是一个自发的行为，地面部分加地下室两层共 11 层，25.6 米高。整栋建筑包括所有家具均由混凝土现浇而成，每层层高、功能、空间氛围都非常不同，"怪楼"建筑可以说是老人内心世界的一种建筑语言的转译成果，富有强烈的个人色彩，反映出老人与那个时代的一种内在关系。建筑整体呈现出一种从封闭到开放，从物质到精神的变化过程，按照功能大致可划分为：地下两层储藏室，地上一层为防御性空间，二层起居生活性空间，三层是豪华餐厅，四层是极奢华的浴室，五层为观景室，六层为花园，七层是书房，八层是屋顶花园别墅，九层是冥想空间，屋顶为人与天对话的象征性空间。

在某种意义上，这更像是一个陶渊明式的梦想，一个内心世界的外化，是这位与世隔绝的内向老者在其生命最后时光中将自己的内心世界凝结成一栋独特建筑、一个混凝土艺术品，如同一粒拥有坚硬外壳的种子，是老人对自己生命的坚定表达，对自己生命旅程的凝结和展示。

上街一号照片

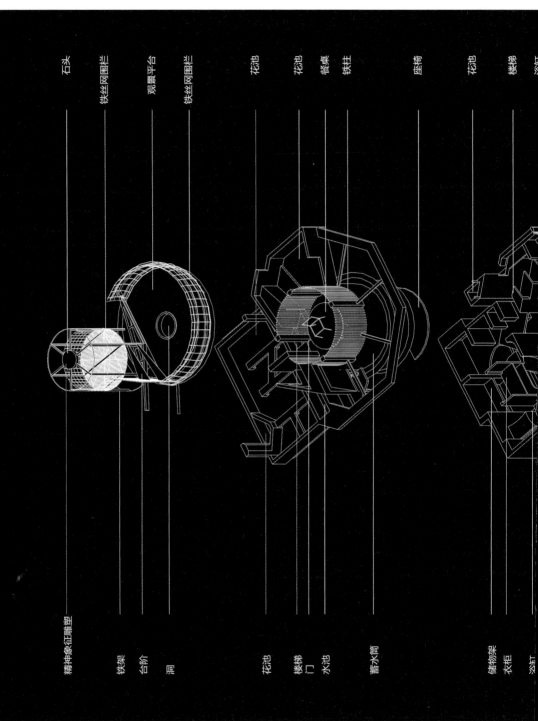

石头
铁丝网围栏
观景平台
铁丝网围栏
花池
花池
餐桌
铁柱
座椅
花池
楼梯
冰缸

精神象征雕塑
铁架
台阶
洞
花池
楼梯
门
水池
蓄水筒
储物架
衣柜
冰缸

观景廊
顶
浴缸
卫生间
门
台阶
字画
楼梯
沙发
台阶
表演台
消毒池
更衣空间
座椅
大浴池

字画
窗
储物架
把手
洞
门
楼梯
字画
沙发
叠水池
桌子
浴缸
采光口
窗

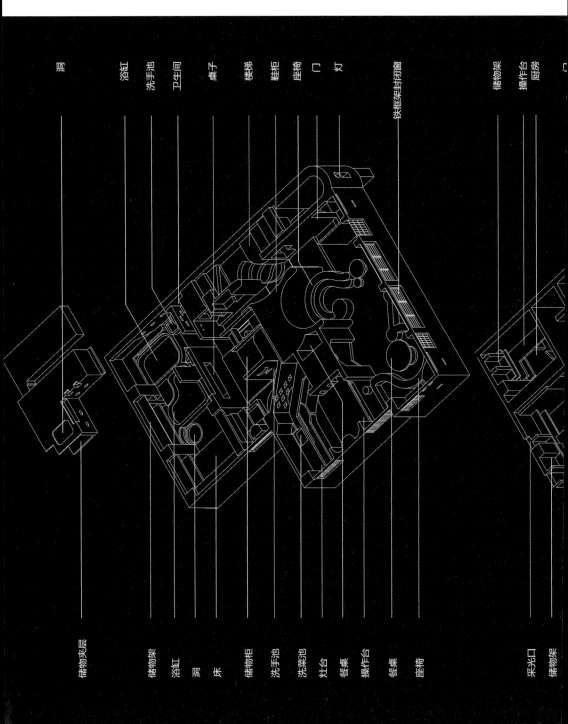

洞

浴缸
洗手池
卫生间
桌子
楼梯
鞋柜
座椅
门
灯
铁框封闭窗

储物架
操作台
厨房

储物夹层

储物架
浴缸
洞
床
储物柜
洗手池
洗菜池
灶台
餐桌
操作台
餐桌
座椅

采光口
储物架

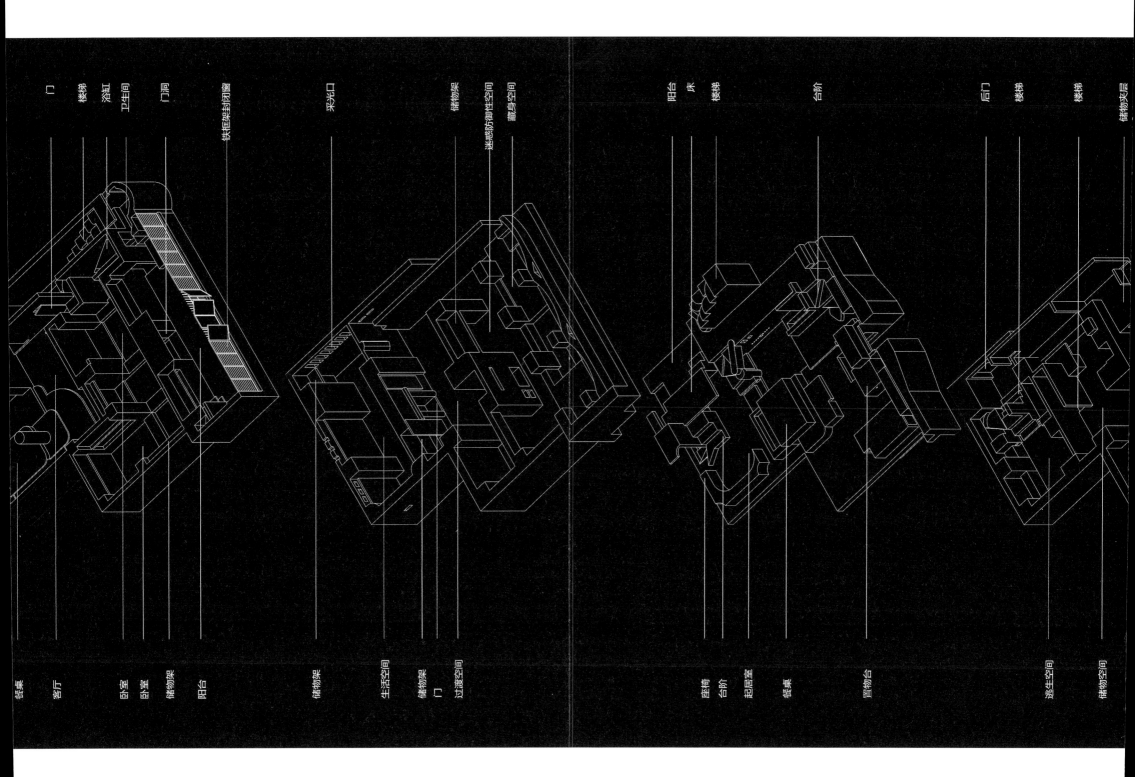

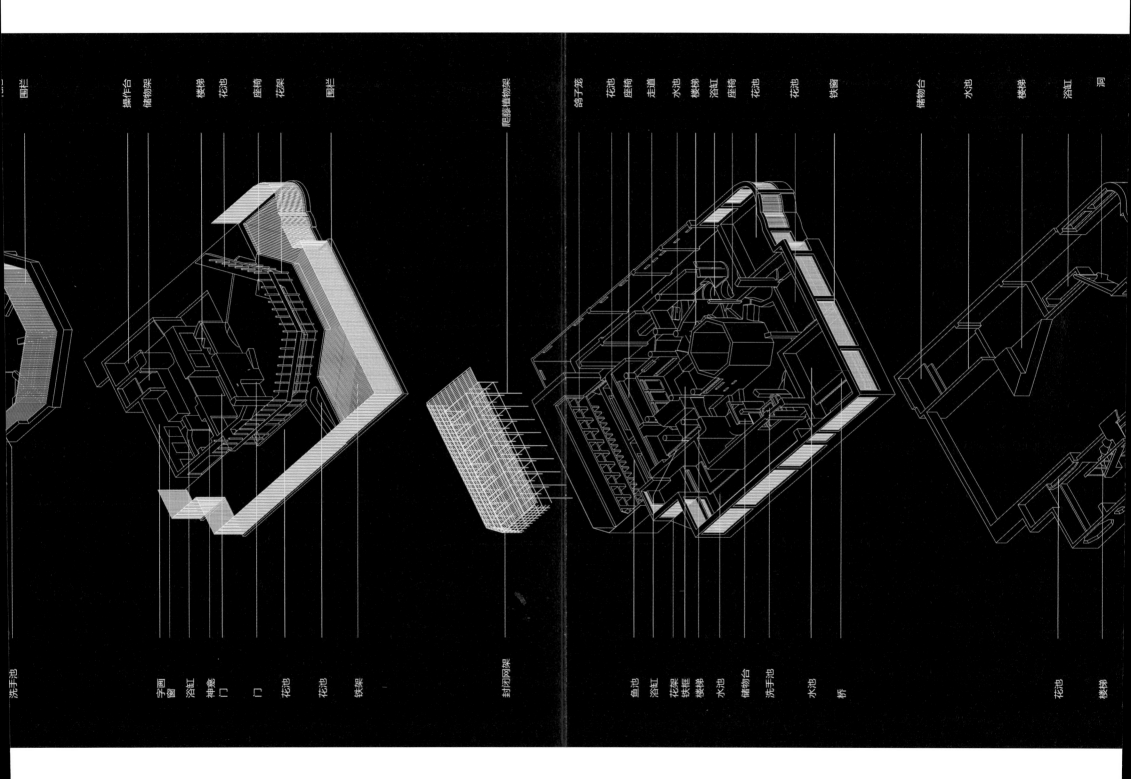

围栏　操作台　储物架　楼梯　花池　座椅　花架　围栏　爬藤植物架　鸽子笼　花池　座椅　走道　水池　楼梯　浴缸　座椅　花池　花池　铁窗　储物台　水池　楼梯　浴缸　洞

洗手池　字画　窗　浴缸　神龛　门　门　花池　花池　铁架　封闭网架　鱼池　浴缸　花架　铁框　楼梯　水池　储物台　洗手池　水池　桥　花池　楼梯

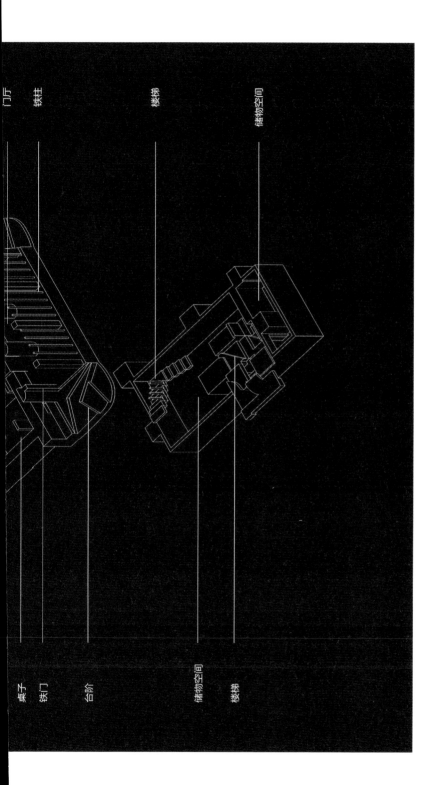

门厅
铁柱

楼梯

储物空间

桌子
铁门

台阶

储物空间

楼梯

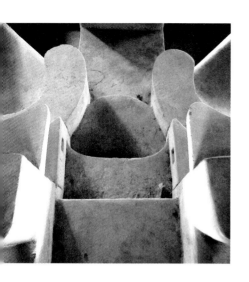

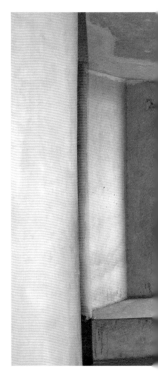

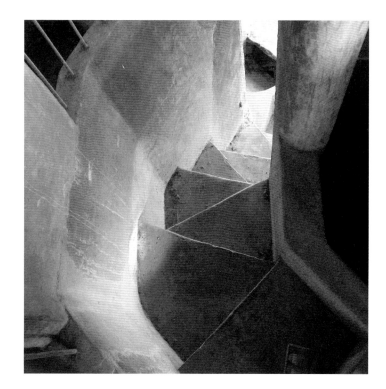

结语

以上成果仅能作为龙岗老墟镇城市研究计划初期成果。在仅有一张早期地形图的情况下，我们完成了老镇所有建筑的踏勘、拍照、类型划分、建模和上街一号的测绘，以及关于这个区域的文献整理等基础工作。因为这里的建筑已在十年前被地产商收购，绝大部分建筑的门窗都被混凝土封堵，无法进入，没有繁闹的市井生活场景，实际情况呈现明显的废弃，但我们仍然觉得这个老镇的命运和未来的状况需要被慎重考虑和对待。此次我们也通过卡通式的场景营造手法试图还原当初市井生活的气息，在这个过程中我们也深刻地感受到，如果没有真正在这样的小镇里生活的经历，事实上还原本身就存在很不客观、不实际的地方，但我们本着一种让人们重新关注这个处在时空边缘的老镇的初衷，所以我们也希望呈现的方式是有趣、轻松的，让更多人通过简单直观的方式去关注它和了解它，进而可以一起思考它未来的存在方式，而不是一厢情愿地去改造或设计一个"优秀"的方案，公布于众。我们认为这首先是一种城市的公共课题，方案的生成过程应该是一个大众参与和各方利益平衡的过程，而参与本身实质就是一种观念的沟通过程和思路的拓展过程。希望更多的人可以参与其中，给予深圳仍存有的片段式的历史文化城镇更多的关注，让这些历史碎片得以真正融入这座开放而年轻的现代国际化大都市的城市生活中去。[1][2]

龙岗老墟镇城市研究团队调研和测绘人员：

冯果川、张春亮、张晨日、薛晓飞、胡冰玉、
林炜劼、欧阳栋、何桂华

调研和测绘人员：

张晨日、张周、吴欣荣、李昂泰、欧阳栋、胡冰玉、林炜劼、
薛晓飞、高健阳、周天璐、何文彬、欧阳晨露、刘少毅、蒋琳、
王艺儒、何桂华

翻译：

胡冰玉、周天璐

本文图片均由筑博设计提供

本文插画人物素材参考自爱尔兰插画家 Tom Gauld 系列作品

① 2018 年 11 月 29 日，深圳市规划和国土资源委员会网站公示了《关于开展龙岗区龙岗街道老墟镇片区城市更新单元规划（草案）修改方案的公示》。根据项目总平面示意图，项目含多栋超 40 层的超高层建筑。根据相关规划，龙岗老街（即龙岗老墟镇）的定位是商业中心区，同时体现龙岗老街商业特色。为此，龙岗区要求在对片区进行高标准更新开发建设的同时，保留有文化历史价值的老建筑，可以开发建设成三至四层的商业一条街以保存龙岗商业老街原来的历史风貌。（编者注）
② 本文有节选

附 录

城中村：消失中的城市

城中村关键词
1.0

穆木 碧荒

设置本篇的目的是让读者诸君容易摸到一些了解城中村的绳结。这些绳结大抵会按时间线来排布，有些来自本书频繁出现的词汇，有些则来自政府或民间的文献梳理。在打一个绳结的时候，偶尔会有一些因材料不一、来源不一而出现的分叉，我们沿着这些分叉摸下去，有时摸到的是另一个结。我们尽量用短小、具体、多角度的打结方式呈现城中村的基本事实，但请不要将其看作理解城中村语境的必要前提，有时一种气味远比一本字典来得真实，不是吗？本文也不意图成为百科全书式的权威解释，相关诠释必然会有争议，请视为编者以局限的眼光但尽力呈现城中村的个人编写的词典。本篇时限为 2018 年 6 月，我们在这个范围内编写，是为版本 1.0。

城中村

城中村（Urban Village），狭义上指农村耕地被国家收走后，剩下的宅基地被快速发展的城区包围形成的城市中的农村聚落，在当下通常被理解为城市中滞后于周围地区发展、公共设施缺乏的低收入阶层所在社区。但城中村并非"贫民窟"和棚户区，它产生于城乡二元体制，又与我国的土地、户籍等政策，以及改革开放之后深圳高速的现代化和城市发展有关。深圳共有城中村1,044个，容纳近千万人，占深圳市一半人口。[①]

据研究城中村多年的人类学家马立安的说法，城中村原本不叫"城中村"，1995年时还只根据建成年代分为"新村"和"旧村"。"都市实践"这个颇具影响力的建筑师团队在1999年来到深圳后，开始用哥伦比亚大学的城市规划理念研究深圳，把"新村"和"旧村"定义为城中村。从此这个命名越来越多地进入大众视野。两种称呼事实上反映的是对城市空间不同的理解思维——"新村"和"旧村"是朴素的历史存在脉络和工业化初期集体土地所有者的自发建造，"城中村"则是城市规划专业工作者所进行的整体分析和研究，因为彼时这些村的优势已经不明显，持续扩张的城市土地需求让政府开始把新旧村纳入规划管理，这是深圳城市发展的两条道路。

| 冲关 | ## 一线关 |

指自 20 世纪 50 年代初开始，粤港、粤澳边界采用的边界管理模式。从内地前往港澳地区，需要办理港澳通行证，经口岸出境。

其中，广东与香港的边界线，就在深圳境内。这条边界线东起深圳大鹏新区南澳坝光，西至深圳宝安区东宝河口，全长 285 千米，其中陆地线 27.5 千米，沿岸线 257.5 千米，共设有 6 个过境工作口、20 个下海作业点、一个边境特别管理区（沙头角）。

20 世纪 50 年代至 80 年代，由于一线关两侧悬殊的经济势差，曾多次发生逃港偷渡潮。时至改革开放，深圳招商引资向港商抛出橄榄枝，很多港商越过一线关进入深圳寻找市场机会，在深圳早期的城市建设和工业发展中起到重要的作用。比如，1989 年，香港画商黄江到达大芬村，开启了大芬村在世界油画复制品市场上的传奇。

二线关

在深圳，指 1983 年开始启用的分隔深圳特区与非特区的边境管理区域线。"二线关"一般被理解为是相对深港交界的一线关的叫法，但实际上，其准确含义是国务院批准设立的"深圳经济特区管理线"和"边境线"；抽象的概念之外，还有一条实体的特区与非特区的"铁线网隔离线"。人们当时从特区外进入特区内（称为"入关"），

城中村：消失中的城市

和现在从内地前往港澳地区一样，需要携带通行证件，如《往来边防禁区特许通行证》（简称"边防证"）。

设立"二线关"的一个重要目的是减轻一线的压力，确保香港的安全；另一个则是保证社会主义的经济实验不受打扰。

从设立开始，二线关就饱受争议。尤其是 1997 年香港回归之后，深圳与香港在政治上的关系也随之发生变化，非法越境到了香港也拿不到香港永居户口，二线关不再作为缓冲偷渡香港的战略关卡，功能逐渐转向减轻特区内的治安管理压力。20 世纪 90 年代，关口边上的城中村聚集了大量外来人口，发生过不少耸人听闻的案件，"关外即是法外"的印象由此而来，地处宝安的甲岸村也不例外。二线关在当时事实上是深圳农村和城市的分割线，也分隔着外来人口和本地人。

进入 21 世纪之后，关内经济取得耀眼的成就，"二线关阻碍市民往来和深圳经济发展，应该跳出狭隘的特区理念，树立 2020 平方公里的大城市经营理念"的声音逐渐被放大。2008 年，"边防证"停止办理，二线关作为边境线的管理职能消失；2010 年，国务院批准特区范围扩大至全市，二线关分隔特区内外的职能基本成为历史。2015 年，关口检查站开拆，物理障碍消除；2018 年 1 月 15 日，国务院发布批文同意撤销深圳经济特区管理线，二线关最后一重职能也彻底消失，存在了 36 年的深圳二线关正式成为历史。

三来一补

"三来一补"是"来料加工""来料装配""来样加工"和"补偿贸易"的简称。

改革开放之初，正是世界产业大转移之时。香港因土地资源短缺和劳动力成本上升，城市发展面临产业转型升级，其加工贸易型产业被迫陆续转移到内地。毗邻香港的深圳迎来了工业化的大好时机，为承接劳动密集型产业的转移，深圳的农村集体经济组织充分利用土地资源的优势，开始改"种田"为"种楼"，大建工业厂房，大量引进"三来一补"企业。同时，工厂吸引了很多外来劳动力，但他们没有国有单位的分配房，只好住进城中村的出租屋，这是城中村住房早期建起来的主要动力。②

- 来料加工：指外商提供原材料，委托厂方加工成为成品。产品归外商所有，厂方按合同收取工缴费。
- 来料装配：指外商提供零部件和元器件，并提供必需的机器设备、仪器、工具和有关技术，由我方工厂组装为成品。
- 来样加工：是由外商提供样品、图纸，间或派出技术人员，由我方工厂按照对方质量、样式、款式、花色、规格、数量等要求，用我方工厂自己的原材料生产，产品由外商销售，我方工厂按合同规定外汇价格收取货款。
- 补偿贸易：指买方在信贷的基础上，从境外厂商进口机器、设备、技术，以及某些原材料，约定在一定期限内，用产品或劳务等偿还的一种贸易方式。

经济特区

1980 年 8 月 26 日，五届全国人大常委会第十五次会议，审议批准建立深圳、珠海、汕头、厦门四个经济特区；并批准公布了《中华人民共和国广东省经济特区条例》，确定在广东省深圳、珠海、汕头三市分别划出一定的区域，设置经济特区。四地施行特殊的税收、外汇、信贷等方面的经济政策。

不过，经济特区并不是中国独有的创造，对于很多发展中国家来说，设立经济政策灵活、政府管控宽松的经济特区，是吸引海外投资、使本国融入全球资本市场的有效策略。深圳的独特在于其公有制大背景下鲜明的实验性和得天独厚的区位。一线关和二线关所隔离开来的三个区域（香港、深圳特区、内地其他地区）之间经济水平的差异，造就了大量面向不同人群的机会，也成就了深圳的繁荣。③

深圳全境城市化是土地制度、村集体经济组织形式、人口结构和行政结构的全面改革和调整。1992年6月18日，以深圳出台的《关于深圳经济特区农村城市化的暂行规定》为标志，政府开始强力推动经济特区内的城市化。

土地制度

深圳的土地制度变革一直处于全国的先锋位置，在特区的实验田里灵活突围，成为深圳实现数次发展的根本推力。

改革开放前，深圳使用国有土地的形式与我国其他地区相同，仅有行政划拨、无偿无限期使用的单一方法，这要求政府有雄厚的资金和强大的规划调控能力。但特区建立前十年，中央基本是给政策不给钱，特区建设缺钱不缺地，而"八二宪法"又规定土地所有权不可转让。在此情形下，深圳果断借鉴香港做法，用地生钱，通过开发地块、建设地产、出租获利、再投入扩大开发的滚雪球模式和以政策优惠吸引外商开发土地的方式进行工业化和城市化。后来随着港资的大量涌入，用地生钱的思路借助金融杠杆而威力倍增，深圳挖得改革的第一桶金。④

1987年12月1日，为了缓解大规模城市基础设施建设对资金需求的压力，深圳市顶着"违宪"的责难，在深圳会堂公开拍卖了一幅8,588平方米地块50年的使用权，敲下中国国有土地有偿使用拍卖的第一槌，确立了"产权国有＋使用权拍卖"的模式，开启中国国有土地使用权有偿转让的历史。这一开先河之举直接促成了《宪法》中有关土地使用制度内容的修改，《中华人民共和国宪法修正案（1988年）》在删除"土地不得出租"规定的同时，增加了"土地使用权可以依照法律的规定转让"的规定。[6]土地的有偿使用，解决了建设初期的融资问题，此后深圳发展高歌猛进。

经过十几年的超高速发展，20世纪90年代初，深圳发展的基本约束由"钱"变为"地"，深圳的开发思路也开始由筹钱转筹地。1992年特区内实行"土地统征"（政府征收农民土地）和2004年特区外实行"土地统转"（绕过征用环节，将村民身份转为城市居民，实现集体土地向国有土地的自动转换）过后，深圳实现了全域范围的土地国有化。

股份制改革

深圳的股份制改革包含国有企业的股份制改革和村集体经济的股份制改革。前者在20世纪90年代弄出5个上市公司、3只股票，率先在全国开启了国企的股份制改革示范。[6]而村集体经济的股份制改革则是深圳农村城市化的重要步骤之一。

20世纪80年代中期，政府在特区范围内，以自然村（生产队）、行政村（大队）为单位的农村集体分别建立起了经济合作社、经济发展公司。90 年代初进行了股份制改革。其中福田区原上步村率先开展试点，成立特区首家由农村集体经济转变的股份合作公司。

股份合作公司是村集体进行招商引资的重要主体，也是除去自上而下的城市规划以外自发探索和建设深圳的主要力量。据不完全统计，截至 2014 年年底，全市约有股份合作公司 1,200 多家，股东近 40 万人，总资产超 1,500 亿元，掌握集体土地 392 平方千米，已成为深圳经济社会不可或缺的重要部分。⑦

原村集体成立社区股份公司，村民之前既有传统血缘和乡亲邻里关系，也有现代公司企业利益共同体的关系。从原本靠血缘维系的村子，转向以公司为主题，分红等形式成为确认和凝聚村民身份的新方式。

村改居

在深圳，这个词一般指本地村民的身份从农村户口转为城市居民户口。

改革开放后，位于改革前沿的南方和沿海地区的农民纷纷脱离农业活动，进城务工或经商。深圳也不例外，很多本地村民不再从事养牡蛎一类的农活。一些媒体和学者使用"洗脚上田"这个词描述当时农民的变化。有时这个词也被用来描述数百万农民离开家乡迁徙到当时还是"世界工厂"的深圳打工的现象。

不过，农民身份转变的正式标志还是由农村户口转为城市户口。

2002 年，以沙头角镇撤镇设街道办事处为标志，关内城市化（即第一轮城市化）宣告结束，特区内农民陆续变成城市居民。[8]

2003 年深圳开始第二轮城市化。特区外的宝安和龙岗两区共 27 万多农民，在一年时间内全部"洗脚上田"。2004 年，随着宝安区沙井街道民主村和福永街道塘尾村挂牌改为社区居委会，深圳成为全国第一个没有农村建制的城市，人口城镇化率达到 100%，也就是说，整个深圳所有常住人口均为城市居民。[9]

户口

我国以家庭为单位的一种人口管理政策，自 1958 年起正式实施，其后 20 年间用以严格限制人口的流动。目的在于"既不能让城市劳动力盲目增加，也不能让农村劳动力盲目外流"（民间将此官方表述简化为"盲流"），以保证"先城市后农村"的发展次序（《中华人民共和国户口登记条例》）。

改革开放之后，经济体制的变革要求劳动力和资本自由流动，户籍制度有所松动并进行了陆续改革，大量农村富余劳动力开始前往城市谋求生计。不少学者认为，在一个人口大量流动的时代，滞后的户籍制度导致了很多社会问题。据 2017 年深圳国民经济和社会发展统计公报的数据显示，2017 年秋季学期，深圳义务教育阶段学生数量为 125.5 万人，其中非深户学生数量是 87.29 万人，约占总人数的 70%。在目前与户籍制度挂钩的学位政策下，到小升初阶段，这些流动儿童将有很大比例必须回老家念书，成为留守儿童。[10]

深圳是一座移民城市。据 2017 年的统计数字，深圳有一千多万外来人口，劳务工人口占据很大比例。数以万计的劳务工在新兴工业园里打工或从事服务业，许多白领也以外来人口的身份生活于大城市，不少人在异地从事工商业。

这些非户籍人口为城市贡献了大量税收，但却难以得到

所需的全部公共服务和公共品。户口是享受城市提供的
教育、医疗、社会保障等公共服务和资源的"入场券"，
是划分着这个城市的发展成果被谁所享有的界限。

历史遗留违建

"小产权房"一般指的是农村集体所有的土地上自行建
设、非法销售的住房类建筑，这些建筑通常建在农村或
者城市郊区。因为深圳已经完成了土地国有化，所以官
方并不承认"小产权房"的叫法，而改称"住宅类农村
城市化历史遗留违法建筑"。由于种种原因，部分土地
的使用权还掌握在村民手里。

2009 年颁布的《深圳市人民代表大会常务委员会关于
农村城市化历史遗留违法建筑的处理决定》从法律层面
对深圳市历史违建作出了明确定义，认为"深圳市仅有
'住宅用途的历史违建'，不存在所谓的'小产权房'"。

2018 年 7 月 27 日，市政府颁布的《深圳关于农村城
市化历史遗留产业类和公共配套类违法建筑的处理办
法（征求意见稿）》（以下简称《办法》）是历年来采取
的影响力较大的历史违建处理政策之一。该办法要求
对 2009 年 6 月 2 日前产生的农村城市化历史遗留违法
建筑进行拆除、没收或处理确认。其中提到，产业类旧
违建（厂房、仓库、商铺、写字楼等）可通过补缴款项
的方式转为商品性质房地产，公共配套类（道路、公园
等）虽不可转，但也有一系列政策优惠，该办法不涉及

当下牵涉面最广、套利空间更大的住宅类违建。

有人将之解读为给住宅类违建试水，但多数人认为可能性很小。据暨南大学教授、华南城市研究会会长胡刚的说法，"深圳的产业用地和公共设施用地短缺，那么在这方面进行探索，市场比较容易接受。如果住宅类小产权房转正的话，市场会很敏感，暂时突破的可能性不大"。

总体而言，《办法》是希望通过处理这批历史违建，进行土地确权，释放土地空间，将其纳入城市发展用地储备，来方便城市进一步的开发与利用。为深圳发展产业和完善城市功能提供空间和基础，加速城市更新。

拆迁

城中村拆迁比普通拆迁复杂的两个重要原因在于，大量建筑处于灰色地带，拆迁涉及的人群规模巨大。

深圳城中村的商业拆迁中，村民与村集体根据市场价格与商业拆迁主体（通常是房地产商）协商拆迁赔偿。由于城中村拆除重建变成土地之后的土地成本，相较于土地拍卖市场的土地成本要低三分之一以上，存在巨大的利益空间，故给房东开出的赔偿一般不少。大冲、白石洲等城中村村民，一户可获得数百万乃至上亿的赔偿，拆出不少财富神话。

但村民是城中村居民中非常小的一部分，对在城中村居民中占据主体的租户赔偿甚少甚至完全没有赔偿（城中村租房无合同、过期后口头答应续住的情况占多数）。在此经营的商户损失则更大，这是城中村拆迁中引发冲突的主要矛盾。

城市共生

2004 年 10 月，深圳发布《深圳市城中村（旧村）改造暂行规定》，要求从市政层面推动城中村改造。其时，社会和媒体对城中村脏乱差的环境进行了严厉的批判，将城中村比作为"城市毒瘤""城市疮疤"等。这基本代表政府和公众一开始对城中村的看法和态度，污名化为早期拆除改造城中村提供了舆论支撑和合理性。

后来经过关心城中村的学者、建筑师等各方人士的工作与努力，政府和公众对待城中村的态度逐渐有所变化。深港城市\建筑双城双年展是象征转变比较明显的标志。这是一个由深圳政府主办的关注普遍城市问题的展览。从 2005 年首届开始，深双就设有专门的城中村单元，历届不断深入，多次探讨城中村在城市与社会结构中的重要角色和积极作用，以及各种改进的可能性。

2017 年，深双在南头古城举办，主题为"城市共生"。这一为期三个月的展览给城中村带去一场艺术盛事和 55 万的观展人群。尽管途中伴随的部分地点改造、租金上涨和几个店铺的进驻引发了城中村士绅化的担忧，但这一主题显现出深圳对待城中村态度上的变化：城中村不再是亟待改造的"城市毒瘤"，而成为可以探索与之共生方式的城市空间。

二次房改

1998 年，深圳第一次房改。在那之前，深圳学习的是新加坡模式，由当地住宅产业局（2003 年撤销）给公务员造福利房、为企业职工造微利房，以租促售，以卖为主，鼓励职工买房，到 1993 年基本解决职工和公务员（当时户籍人口的主要成员）的住房问题。剩余的外来人口，大部分住在城中村里。

后来为了解决大量外来人口的住房问题（事业单位、企业和工厂无法供应如此多的住房），深圳学习香港模式，住宅进行集体转向走向商业化，土地财政成为地方政府财政的重要支撑（政府征来集体用地再卖地给开发商，收土地出让金等税收）。

2018 年 6 月 5 日，深圳住建委发布《关于深化住房制度改革加快建立多主体供给多渠道保障租购并举的住房供应与保障体系的意见（征求意见稿）》，被业内称为深圳的第二次房改。

此次房改，政府的主导性明显增强，到 2035 年，政策性支持住房及公共租赁用房的比例要占 60%。这意味着深圳要重塑整个住房供应体系，但在城市用地如此紧张的情况下，地从哪里来？城中村被视为存量资源的一个重点，即用好城中村的土地或建筑以安居房、人才房、租赁房的形式推向市场。

当下，各大长租公寓品牌响应政策号召，或与政府合作，或自己作为开发主体，开始收割城中村的房屋进行改造出租，这拉高了部分城中村的房租，一些租户受到影响需另找房子或返乡。这将与城中村的综合整治相结合，成为未来深圳城市更新的重要部分。

万村计划

万科 2017 年推出城中村综合整治运营项目——万村计划，万科由此成为各大地产巨头中进入城中村做长租公寓的领头羊。与拆除重建不同，万村计划直接与城中村的自建房房东签下租约，整体统租，进行屋内装修和外部配套改造，作为自由品牌的长租公寓统一租赁，同时政府进行周边基础设施方面的改造。

这一改造方式避免了大拆大建的冲击，规避了城中村复杂的产权问题，同时企业成为改造社区的明确经营主体，便于政府对接管理。名称中的"万村"，意为在全国一万个城中村里复制此改造模式。据万科的数据，截至 2018 年 6 月，万村计划已经更新至 21 个城中村。

改造之后的房租涨幅不小，无法负担的租户只能另找住处，附近片区的房租也连带上涨。万村计划的第四站——清湖新村的改造就引发了附近富士康工人的恐慌，数名工人联名上书要求涨薪以应对风险。有声音呼吁政府需关注此事，稳定租金价格，保障人们的基本居住权。未来，房企进军城中村租赁市场的步伐不会停止。在这过程中，成本、租金等滋生出的矛盾均待解决。

总的来看，当下的城中村在城市更新的总导向下，一方面政府对城中村内的历史遗留违建进行清理确权，释放新的城市空间；另一方面，开发商与政府将继续深入城中村，"盘活存量用地"，将其作为城市住房供应的储存地。

① 《深圳市城中村综合治理 2018-2020 行动计划》，深圳政府在线，http://www.sz.gov.cn/lhq/zcfggfxwj/qgfxwj/201804/t20180408_11668120.htm，访问日期：2019 年 1 月 7 日

② 李新添：《深圳历史遗留违法建筑问题研究》，《特区实践与理论》2012 年第六期

③ 叶住宾：《口岸、城中村与深港关系》，《野人杂志》公众号，https://mp.weixin.qq.com/s/QzOiWR-E_o0DrsW3OdorPg，访问日期：2019 年 1 月 19 日

④ 付鲎：《深圳经济特区有偿使用土地的制度变迁及其影响》，《深圳大学学报（人文社会科学版）》，2016 年第 33 期

⑤ 尹来：《"拍卖槌"见证土地制度变革》《南方都市报》2018 年 7 月 14 日，第 AA08 版

⑥ 徐景安：《我所亲历的深圳股份制改革与证券市场建立》，《证券时报》2018 年 9 月 6 日，第 A004 版

⑦ 周伟涵、李国斌、张小玲、赵炎雄：《深圳城中村"变形记"：不能再靠租金养活自己》，《南方都市报》2015 年 7 月 28 日，第 SA32 版

⑧ 曹轲：《中国梦想，在深圳实验》，载《南方都市报》编著 陈文定主编《未来没有城中村》总序，中国民主法制出版社，2011，第 1 页

⑨ 《南方都市报》编著 陈文定主编《未来没有城中村》，中国民主法制出版社，2011，第 182 页

⑩ 曹昂：《城中村儿童纪实》，绿色蔷薇女工服务中心公众号，https://mp.weixin.qq.com/s/AzGKWlggcaVWqX90JKKGqA，访问日期：2018 年 10 月 4 日

⑪ 《唐涯、徐远：深圳土地制度改革变迁实录》，香帅的金融江湖，https://mp.weixin.qq.com/s/f8oMvXaeCkZjoazN4LjwSA，访问日期：2018 年 10 月 5 日

⑫ 秋风：《理解"城中村"现象》，载《南方都市报》编著 陈文定主编《未来没有城中村》序 2，中国民主法制出版社，2011，第 9 页